口絵 1　マンデルブロ集合
（本文 26 ページ，図 3.4）

口絵 2　マンデルバルブ
（本文 27 ページ, 図 3.5）

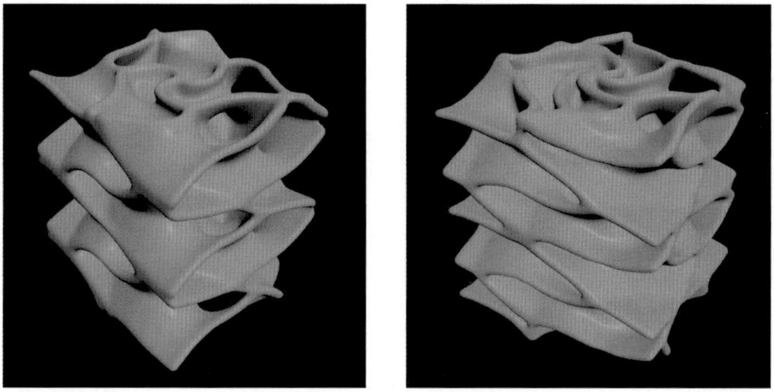

（a）　　　　（b）

口絵 3　曲線ベースのボロノイ図
（本文 37 ページ, 図 3.19）

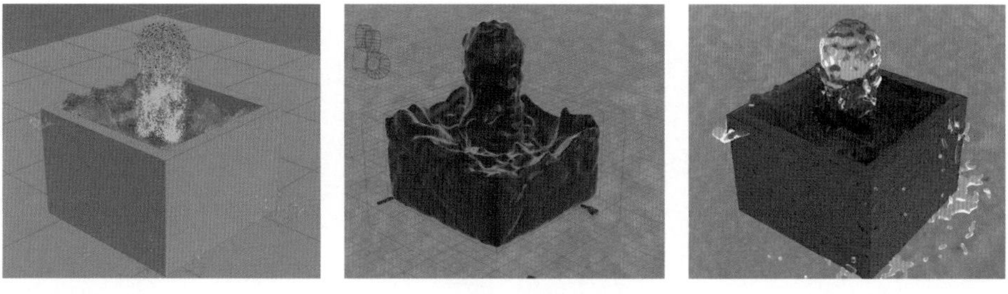

（a）　粒子のみのレンダリング

（b）　陰関数から生成した三角形メッシュ

（c）　反射，屈折を考慮したレンダリング

口絵 4　表面生成（本文 75 ページ，図 4.14）

口絵 5　雪崩による雪煙のビジュアルシミュレーション
（本文 83 ページ，図 4.20）

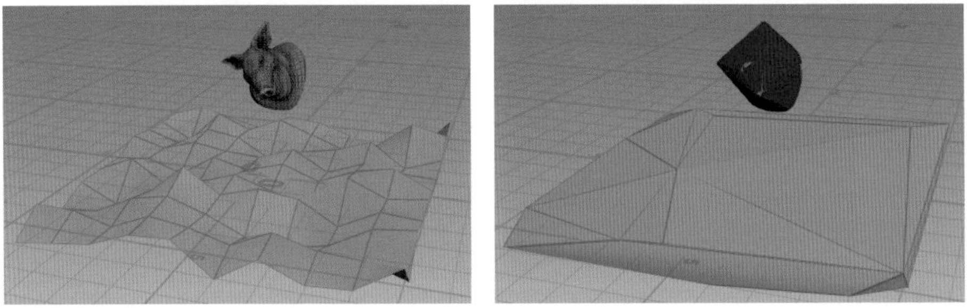

（a）　衝突前の二つのオブジェクト　　（b）　二つのオブジェクトの convex hull 表示

口絵 6　convex hull の例（本文 91 ページ，図 5.5）

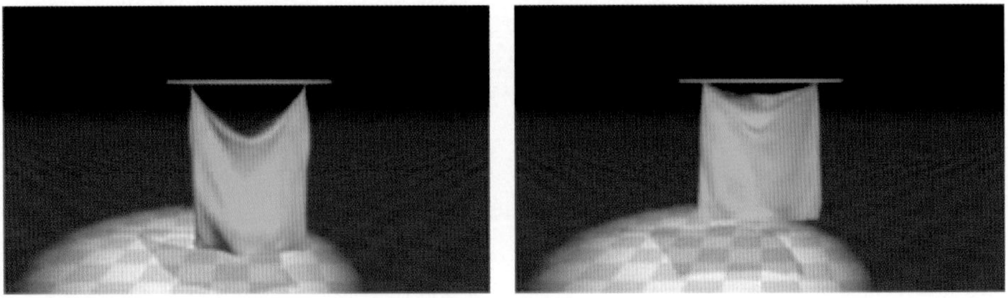

（a）　20 回反復　　（b）　160 回反復

口絵 7　PBD の試行回数による違い（本文 105 ページ，図 5.16）

口絵 8　シミュレーション画像例（本文 110 ページ，図 5.17）

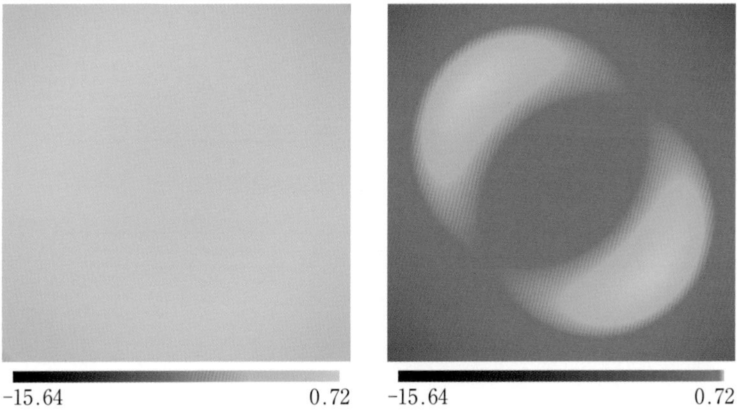

（a）　伝達関数 1　　　（b）　伝達関数 2

口絵 9　伝達関数の違いによる可視化結果画像の違い
（本文 124 ページ，図 6.7）

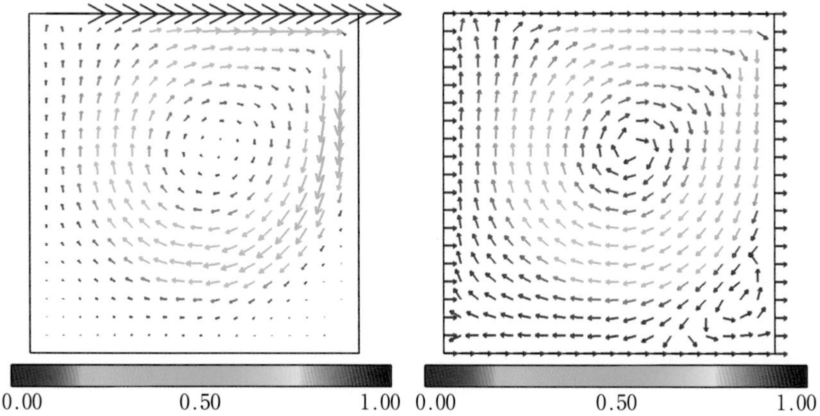

（a） 矢印の長さでベクトルの大きさを表現

（b） 矢印の色でベクトルの大きさを表現

口絵10 矢印表示による可視化（本文 128 ページ，図 7.1）

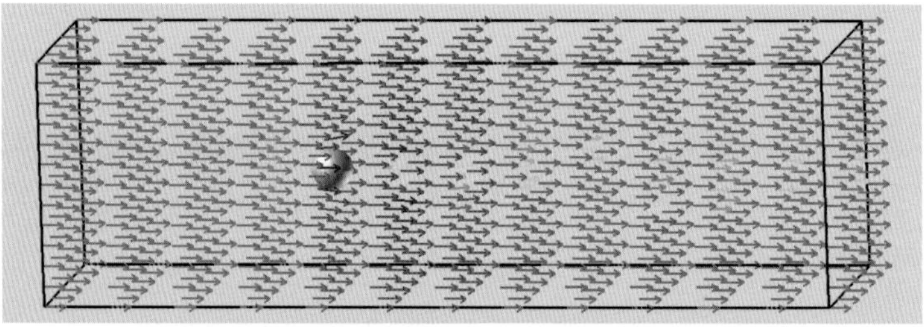

（a） 標本点：3 次元空間

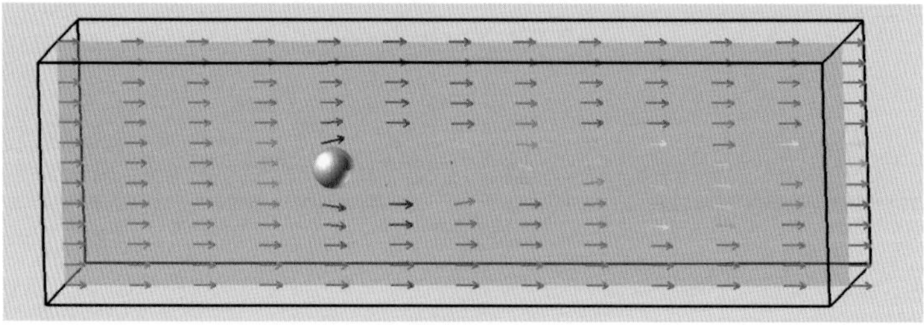

（b） 標本点：平 面

口絵11 ヘッジホッグ法（本文 132 ページ，図 7.5）

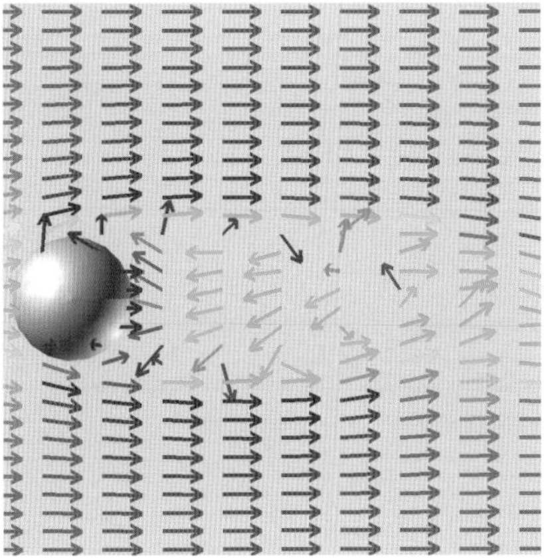

口絵12　3 次元空間における矢印表示
（本文 132 ページ，図 7.6）

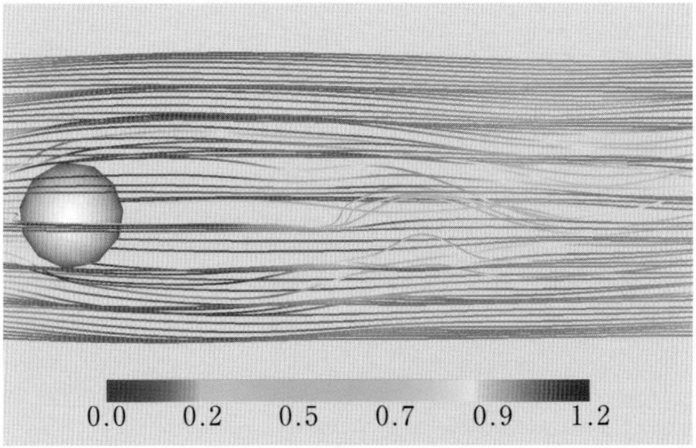

（a）　線

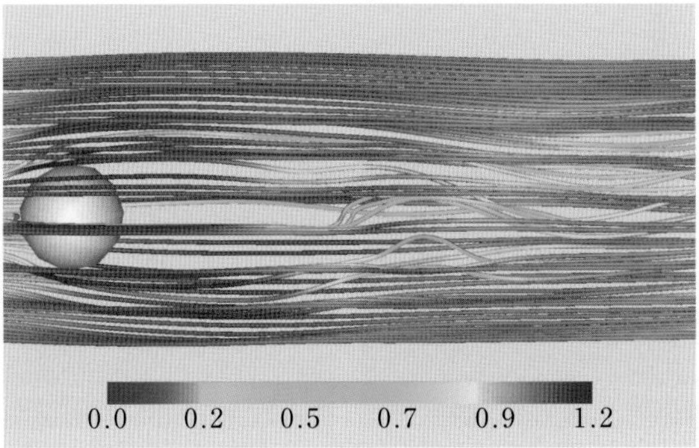

（b）　チューブ

口絵13　3 次元空間における流線表示
（本文 133 ページ，図 7.7）

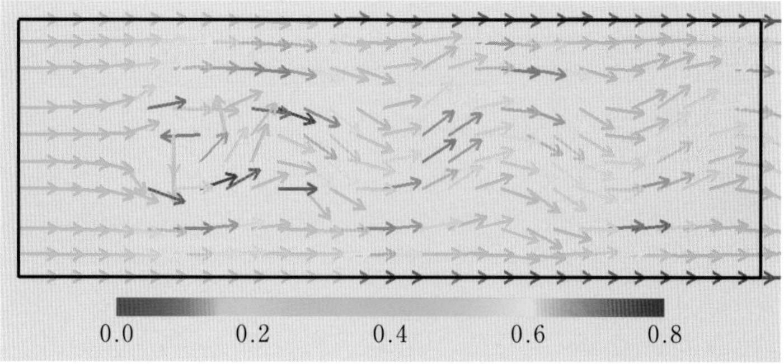

(a)

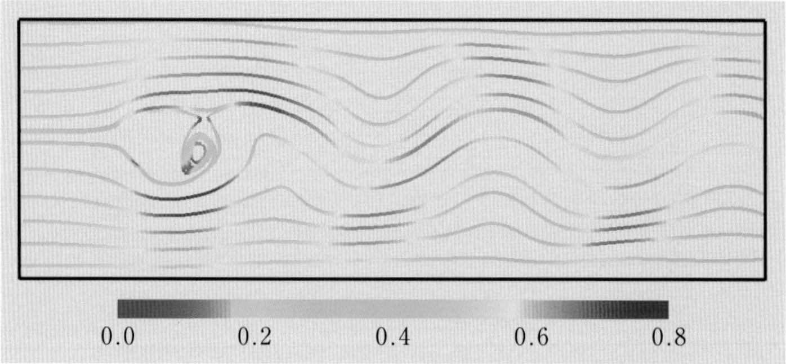

(c)

口絵14　角柱後方のカルマン渦列の可視化結果（本文 136 ページ，図 7.9）

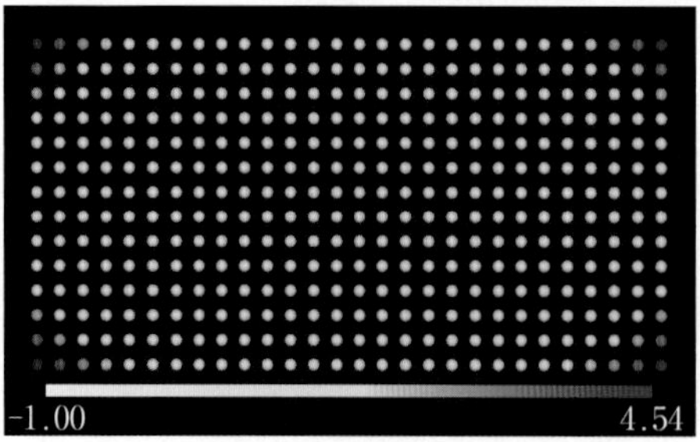

(a)　色で値を表現

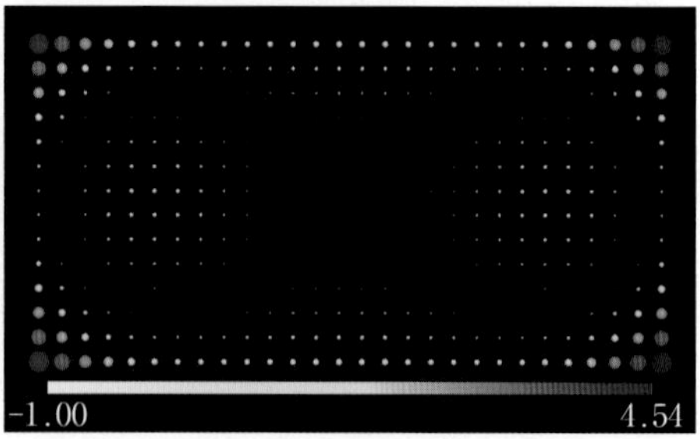

(b)　色と大きさで値を表現

口絵15　グリフ表示（本文 139 ページ，図 8.1）

口絵16　疑似カラーコーディング（本文 140 ページ，図 8.2）

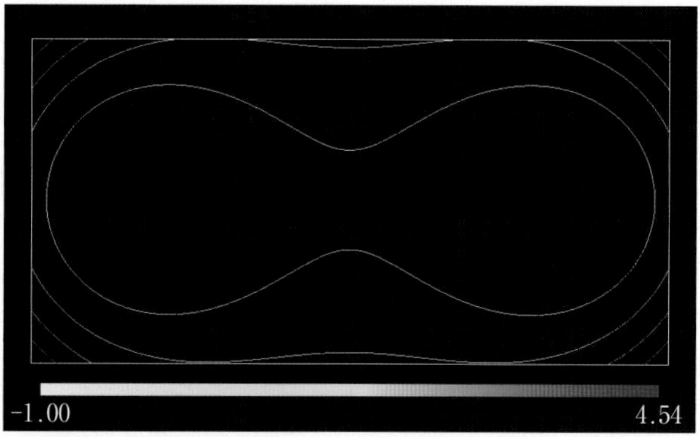

（a）　本数：4 本

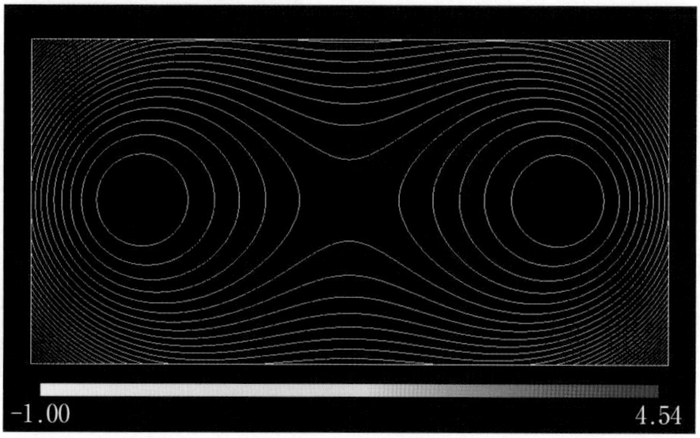

（b）　本数：30 本

口絵17　等値線表示（本文 141 ページ，図 8.3）

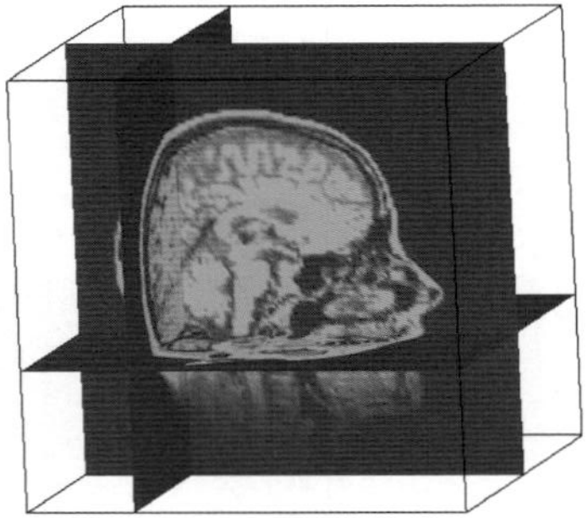

（a） 断面表示

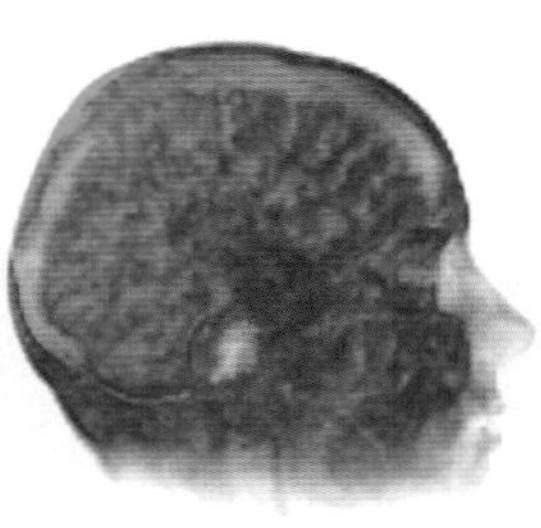

（b） ボリュームレンダリング

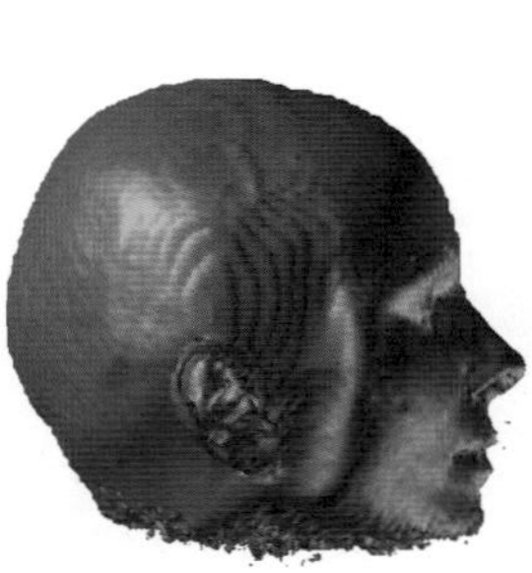

（c） 等値面表示

口絵18 3次元スカラー場の可視化例（本文144ページ，図8.6）

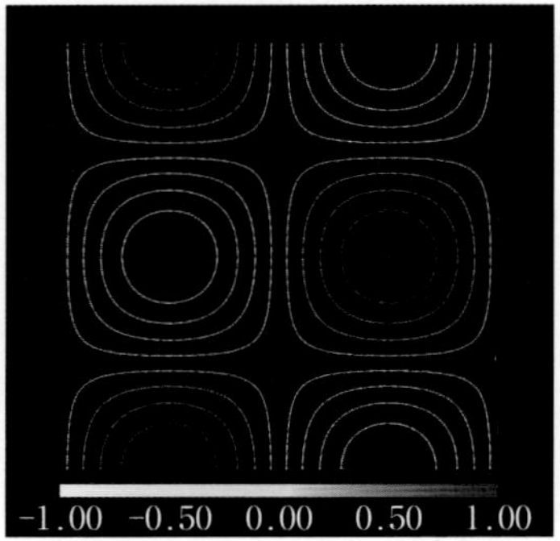

（a）

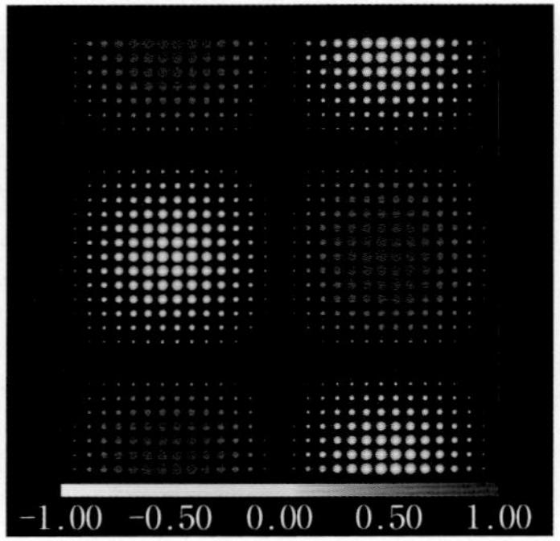

（b）

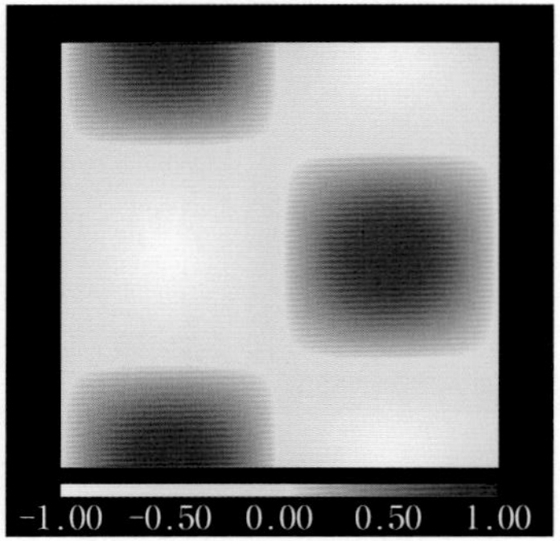

（c）

口絵19 $f\ (x, y) = \sin x \cos y$（$0 \leqq x,\ y \leqq 1$）の可視化結果（本文149ページ，図8.11）

メディア学大系

11

CGによる シミュレーションと 可視化

菊池　司
竹島由里子
共著

コロナ社

「メディア学大系」刊行に寄せて

ラテン語の“メディア（中間・仲立ち）”という言葉は，16 世紀後期の社会で使われ始め，20 世紀前期には人間のコミュニケーションを助ける新聞・雑誌・ラジオ・テレビが代表する“マスメディア”を意味するようになった。また，20 世紀後期の情報通信技術の著しい発展によってメディアは社会変革の原動力に不可欠な存在までに押し上げられた。著名なメディア論者マーシャル・マクルーハンは彼の著書『メディア論―人間の拡張の諸相』（栗原・河本訳，みすず書房，1987 年）のなかで，“メディアは人間の外部環境のすべてで，人間拡張の技術であり，われわれのすみからすみまで変えてしまう。人類の歴史はメディアの交替の歴史ともいえ，メディアの作用に関する知識なしには，社会と文化の変動を理解することはできない”と示唆している。

このように未来社会におけるメディアの発展とその重要な役割は多くの学者が指摘するところであるが，大学教育の対象としての「メディア学」の体系化は進んでいない。東京工科大学は理工系の大学であるが，その特色を活かしてメディア学の一端を学部レベルで教育・研究する学部を創設することを検討し，1999 年 4 月世に先駆けて「メディア学部」を開設した。ここでいう，メディアとは「人間の意思や感情の創出・表現・認識・知覚・理解・記憶・伝達・利用といった人間の知的コミュニケーションの基本的な機能を支援し，助長する媒体あるいは手段」と広義にとらえている。このような多様かつ進化する高度な学術対象を取り扱うためには，従来の個別学問だけで対応することは困難で，諸学問横断的なアプローチが必須と考え，学部内に専門的な科目群（コア）を設けた。その一つ目はメディアの高度な機能と未来のメディアを開拓するための工学的な領域「メディア技術コア」，二つ目は意思・感情の豊かな表現力と秘められた発想力の発掘を目指す芸術学的な領域「メディア表現コア」，三つ目は新しい社会メディアシステムの開発ならびに健全で快適な社会の創造に寄与する人文社会学的な領域「メディア環境コア」である。

「文・理・芸」融合のメディア学部は創立から13年の間，メディア学の体系化に試行錯誤の連続であったが，その経験を通して，メディア学は21世紀の学術・産業・社会・生活のあらゆる面に計り知れない大きなインパクトを与え，学問分野でも重要な位置を占めることを知った。また，メディアに関する学術的な基礎を確立する見通しもつき，歴年の願いであった「メディア学大系」の教科書シリーズ全10巻を刊行することになった。

2016年，メディア学の普及と進歩は目覚ましく，「メディア学大系」もさらに増強が必要になった。この度，視聴覚情報の新たな取り扱いの進歩に対応するため，さらに5巻を刊行することにした。

2017年に至り，メディアの高度化に伴い，それを支える基礎学問の充実が必要になった。そこで，数学，物理，アルゴリズム，データ解析の分野において，メディア学全体の基礎となる教科書4巻を刊行することにした。メディア学に直結した視点で執筆し，理解しやすいように心がけている。また，発展を続けるメディア分野に対応するため，さらに「メディア学大系」を充実させることを計画している。

この「メディア学大系」の教科書シリーズは，特にメディア技術・メディア芸術・メディア環境に興味をもつ学生には基礎的な教科書になり，メディアエキスパートを志す諸氏には本格的なメディア学への橋渡しの役割を果たすと確信している。この教科書シリーズを通して「メディア学」という新しい学問の台頭を感じとっていただければ幸いである。

2020年1月

東京工科大学
メディア学部　初代学部長
前学長

相磯秀夫

「メディア学大系」の使い方

メディア学は，工学・社会科学・芸術などの幅広い分野を包摂する学問である。これらの分野を，情報技術を用いた人から人への情報伝達という観点で横断的に捉えることで，メディア学という学問の独自性が生まれる。「メディア学大系」では，こうしたメディア学の視座を保ちつつ，各分野の特徴に応じた分冊を提供している。

第1巻『改訂メディア学入門』では，技術・表現・環境という言葉で表されるメディアの特徴から，メディア学の全体像を概観し，さらなる学びへの道筋を示している。

第2巻『CGとゲームの技術』，第3巻『コンテンツクリエーション（改訂版）』は，ゲームやアニメ，CGなどのコンテンツの創作分野に関連した内容となっている。

第4巻『マルチモーダルインタラクション』，第5巻『人とコンピュータの関わり』は，インタラクティブな情報伝達の仕組みを扱う分野である。

第6巻『教育メディア』，第7巻『コミュニティメディア』は，社会におけるメディアの役割と，その活用方法について解説している。

第8巻『ICTビジネス』，第9巻『ミュージックメディア』は，産業におけるメディア活用に着目し，経済的な視点も加えたメディア論である。

第10巻『メディアICT（改訂版）』は，ここまでに紹介した各分野を扱う際に必要となるICT技術を整理し，情報科学とネットワークに関する基本的なリテラシーを身に付けるための内容を網羅している。

第2期の第11巻～第15巻は，メディア学で扱う情報伝達手段の中でも，視聴覚に関わるものに重点を置き，さらに具体的な内容に踏み込んで書かれている。

第11巻『CGによるシミュレーションと可視化』，第12巻『CG数理の基礎』

では，視覚メディアとしてのコンピュータグラフィックスについて，より詳しく学ぶことができる。

第13巻『音声音響インタフェース実践』は，聴覚メディアとしての音の処理技術について，応用にまで踏み込んだ内容となっている。

第14巻『クリエイターのための 映像表現技法』，第15巻『視聴覚メディア』では，視覚と聴覚とを統合的に扱いながら，効果的な情報伝達についての解説を行う。

第3期の第16巻～第19巻は，メディア学を学ぶうえでの道具となる学問について，必要十分な内容をまとめている。

第16巻『メディアのための数学』，第17巻『メディアのための物理』は，文系の学生でもこれだけは知っておいて欲しいという内容を整理したものである。

第18巻『メディアのためのアルゴリズム』，第19巻『メディアのためのデータ解析』では，情報工学の基本的な内容を，メディア学での活用という観点で解説する。

各巻の構成内容は，大学における講義2単位に相当する学習を想定して書かれている。各章の内容を身に付けた後には，演習問題を通じて学修成果を確認し，参考文献を活用してさらに高度な内容の学習へと進んでもらいたい。

メディア学の分野は日進月歩で，毎日のように新しい技術が話題となっている。しかし，それらの技術が長年の学問的蓄積のうえに成立しているということも忘れてはいけない。「メディア学大系」では，そうした蓄積を丁寧に描きながら，最新の成果も取り込んでいくことを目指している。そのため，各分野の基礎的内容についての教育経験を持ち，なおかつ最新の技術動向についても把握している第一線の執筆者を選び，執筆をお願いした。本シリーズが，メディア学を志す人たちにとっての学びの出発点となることを期待するものである。

2023年1月

柿本正憲
大淵康成

まえがき

1963年にIvan Sutherlandが世界で最初のグラフィックスシステムであるSketchpadを開発してから60年ほどであるが，その間にコンピュータグラフィックス（CG）技術は目を見張るような進展を遂げてきた。CGを扱う多くの企業が誕生し，多くの大学や研究機関でより現実的なCGを生み出すためのアルゴリズムが研究されてきた。それによって現在では，見た目では写真やカメラで実際に撮影した映像と見分けがつかないようなものをつくり出すことができるようになった。さらには，コンピュータやグラフィックスハードウェア，およびディスプレイ装置の進歩とともにCG技術が一般にも広く普及したことにより，だれでもより高い品質のCGを素早くつくれるようにしたいという欲求が出てくるのも当然のことである。

CGアニメーションにおいて，ダイナミックなシーンではキャラクタは自由に動きまわり，それによってさまざまな動きやエフェクトが生じる。従来これらの動きやエフェクトのクオリティは，制作者の技量による部分が大きかった。しかしながら，CGが使われるシーンが増えるにつれて，もっと簡単につくれないかという要求が生まれてきた。そして注目されたのが，物理シミュレーションである。物理シミュレーションを利用すれば，CGアニメーションの表現として使えるさまざまな現象をコンピュータ内で再現することが可能となる。その一方で，物理シミュレーションの理解のためには物理に関する知識はもちろん，数学，力学，数値演算などさまざまなことを学ぶ必要があるため，これからCGを学ぼうという学生や技術者にとってはハードルが高くなる。

また，CGは作品制作だけでなく，工業，医療，自然科学の分野でも利用されている。これらの分野では製品の構造を決めるためのシミュレーションや，病巣の発見，自然現象の解明など実験や計測で得られたデータを視覚的に解析するためにCGを利用している。

本書では，読者として，CGシミュレーション技術を学ぼうとする大学生，および大学院生を想定している。

1章では，CGにおける物理シミュレーションの位置づけや役割に関して概説する。物理シミュレーションとキーフレーム法の対比，および本書で取り上げる物理シミュレーションの種類に関しても述べる。

2章では，物理シミュレーションを理解するうえで欠かすことができない数学と力学に関して解説する。

3章では，「アルゴリズム」を利用して図形形状をデザインする例を紹介する。アルゴリズムとして手順をコード化することで，少ないデータで複雑な形状を再現することが可能となる。本章では，フラクタルとボロノイ図を応用する。

4章では，流体シミュレーションに関して解説する。流体力学で流体がどのように扱われているかを説明した後，流体の支配方程式であるナビエ・ストークス方程式を中心に，CGへの応用方法について説明する。

5章では，物体同士の衝突などに代表される剛体シミュレーションに関して説明する。また，布や糸，クッションなどの柔らかいものを扱う方法も解説する。

6章では，シミュレーションや実験計測などで得られたデータを視覚的に解析するコンピュータビジュアリゼーション（可視化）について説明する。作品としてのCGではなく，解析のためにどのようにCGが利用されデータの解析が行われているかについて述べる。

7章では，流れ場や磁場などのデータに含まれるベクトルデータの可視化方法を紹介する。

8章では，温度や圧力といった各点がただ一つの数値をもつスカラーデータの可視化方法をまとめる。

なお本書では，さまざまなアルゴリズムの実装に関して，SideFX社のHoudiniというツールを利用している。アルゴリズムをベースとして，造形/

シミュレーションを実践したい人に向けて，CG とプログラミングの結びつきが強力な Houdini を用いることで，その手法を理解してもらうことを目指している。

本書で学んだ読者が将来，新しい表現や技術の研究開発，または CG 作品の制作に貢献するとしたら，それは筆者らの無上の喜びとするところである。

最後に，多くの有益なコメントをいただいたシリーズ監修の相川清明先生と近藤邦雄先生，柿本正憲先生に感謝するとともに，長期にわたり辛抱強く筆者を激励し続けてくださったコロナ社の皆様に厚く御礼を申し上げます。

2023 年 2 月

菊池　司
竹島由里子

注 1）本書の書籍詳細ページ（https://www.coronasha.co.jp/np/isbn/9784339027976/）からプログラムコードなどの補足情報がダウンロードできます。

目　　次

5章　剛体・弾性体シミュレーション

6章　コンピュータビジュアリゼーション

7章 ベクトル場の可視化

8章 スカラー場の可視化

1 章　CG シミュレーションとは

◆本章のテーマ

本章では，コンピュータグラフィックス（CG）における物理シミュレーションの位置づけ，考え方，および役割に関して説明する。CG アニメーションの制作手法としてキーフレーム法があるが，キーフレーム法では表現が困難である“運動が物理シミュレーションによって再現できる”ことを解説する。また，本書で取り上げる物理シミュレーションの種類に関して概観する。

◆本章の構成（キーワード）

1.1　CG におけるシミュレーションの役割

　　モデリング，マテリアル，カメラワーク，ライティング，レンダリング

1.2　キーフレームアニメーションとシミュレーション

　　キーフレーム法，中割，アニメーションカーブ，物理シミュレーション

1.3　物理シミュレーションの基本的な流れ

　　モデル化，支配方程式

1.4　物理シミュレーションの種類

　　剛体シミュレーション，流体シミュレーション

◆本章を学ぶと以下の内容をマスターできます

☞　3 次元 CG の制作工程

☞　CG アニメーションの代表的な手法であるキーフレーム法

☞　キーフレーム法と物理シミュレーションの違い

☞　物理シミュレーションの基本的な流れと種類

1.1 CGにおけるシミュレーションの役割

コンピュータグラフィックス（computer graphics：**CG**）が一般的に広く認識されるようになり，3次元のCGを使った表現が当たり前となっている。現在は以前と比べ，表現のクオリティはますます向上し，表現対象もより複雑化している一方，一つのCGアニメーションを制作するための時間と人的リソースに関しては十分であるとは言い難い場合もある。ユーザの要求が高度化し，高画質で動きにもリアリティがあるCGが求められ，さらには動的に変化するリアルタイム性，そしてインタラクティブ性を兼ね備えたコンテンツが市場から要求されている。そのような中で，少ない人的リソースと時間の中で高いクオリティのCGを制作するための技術が日々研究・開発されている。本書では，その中でも現実世界の現象をコンピュータ上で模擬的に再現するCGシミュレーションと，それを可視化するためのCG技術について解説する。

3次元CG制作の工程は，**モデリング**，**マテリアル表現**，**カメラワーク**，**ライティング**，**レンダリング**といったいくつかの段階に分かれる。それぞれの行程の概要はつぎのとおりである。

〔1〕 **モデリング**　仮想の3次元空間の中で，CGによる**立体形状**（**モデル**）をつくることを**モデリング**（modeling）と呼ぶ。つくりたい形状に合わせて，適切なモデリングの要素や手法を選択することが重要である。

〔2〕 **マテリアル表現**　質感のことを**マテリアル**（material）と言い，モデリングされたモデルに質感を与えることを**マテリアル表現**と呼ぶ。マテリアルはそのモデルの質感を決定付ける大きな要素であるため，適切なパラメータの設定や表現方法の選択が重要となる。

〔3〕 **カメラワークとライティング**　3次元空間内に配置されたCGモデルに対し，カメラの位置や向き，レンズの設定などを決め，構図をとることを**カメラワーク**（camerawork）と呼ぶ。また，演出方針を踏まえ，3次元空間にライトを設定し，モデルの見え方を決めることをライティングと呼ぶ。これらの設定の際には，なにをどのように表現したいのかを明確にしておくことが

重要である。

〔4〕 **レンダリング** 3次元空間内に配置されたモデルやライト，カメラなどの情報をもとに計算を行い，最終成果物である2次元画像を得ることを**レンダリング**（rendering）と呼ぶ。レンダリング時に得られる表現にもさまざまなものがあり，目的に応じて適切な表現方法を選択することが重要である。

さてここで，CG アニメーションを制作する場合，工程〔1〕で制作した3次元形状モデル（以後，単にモデル）を動かさなければならない。モデルが変化しないならば，アニメーションにする意味がない。また，周囲の環境，例えば海や川のシーンの場合，それぞれの水の動きであったり，炎が燃え上がるようなシーンならば，炎そのものの動き，および煙の動きなど複雑なエフェクトが必要になる。このようなアニメーションの場合や作品に複雑なエフェクトをかけたい場合は，「モデルの動きを設定」する工程と「エフェクトの適用」という工程が必要となる。CG においては，各工程においてさまざまな技術が開発されており，自動化を追及することで CG 制作に掛かる時間と手間を大きく削減している。「モデルの動きを設定」する工程と「エフェクトの適用」というどちらの工程においても，アニメータの制作を支援するツールが多く開発され，経験が浅いアニメータでもリアリティの高いアニメーションが制作できるようなシミュレーション技術が発展してきている。

1.2 キーフレームアニメーションとシミュレーション

CG アニメーションを制作する手法の最も基本的なものに**キーフレーム法**（key-frame method）がある。キーフレーム法とは，一連の動作・ポーズの中で重要なポーズ（キーフレーム）を先に設定し，その間のフレームをあとから埋めていく手法である。なお，キーフレーム間を補間することを**中割**（in-between animation）と呼ぶ[1),†]。

† 肩付きの番号は巻末の引用・参考文献を示す。

図1.1は，キーフレーム法を使ってキャラクタの形状の変化（twist）を設定した例である。CGアニメーションでは，アニメータはポーズだけでなく，オブジェクトの色やライトの強さなどの属性パラメータの変化も設定できる。また，キーフレームを中割したフレームはソフトウェアの補間機能を使用して自動的に生成できる。しかし，そのままでは機械的な動きになってしまうことがあるため，中割フレームの補間方法に関しても適切な調整を行う必要がある。

キーフレーム　…　中割　…　キーフレーム　…　中割　…　キーフレーム

図1.1　キーフレーム法

キーフレームを補間した値の変化をグラフの曲線で表示したものを**アニメーションカーブ**（animation curve）と呼ぶ（**図1.2**）。このグラフを編集することで中割フレームでのオブジェクトの動きなどを制御することが可能である。

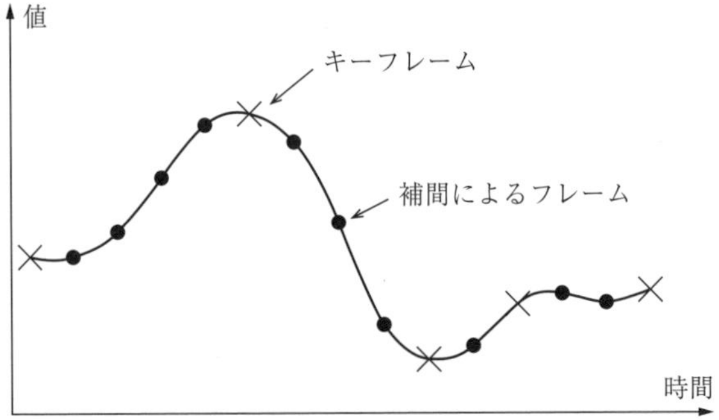

図1.2　アニメーションカーブとキーフレーム

シミュレーションという手法がいつ頃発明されたかは定かではないが，少なくともコンピュータの発明がその手法を格段に進歩させたことは間違いない。いまやシミュレーションは科学技術の分野において，その基本的方法論である「実験」的手法の一つとして，着実に市民権を得ている。「シミュレーション

(simulation)」の語源は“simulate”であり，「模擬する」「まねる」という意味である[2)]。シミュレーションを直訳すると，模擬実験とでもいうことになるのであるが，簡単に言ってしまえば「試しにやってみること」ということである。例えば，災害時に備えた避難訓練や自動車の安全性を確かめるための衝突実験，スポーツで本番に備えた練習試合もシミュレーションと言える。これらの中でも，CGにおいて使用されるシミュレーションは**コンピュータシミュレーション**（computer simulation）と呼ばれるものである。

例えば，自動車の衝突実験を実際にやろうとすると，実験で車は潰れてしまい，計測機器なども含めるとかなりのコストを必要とする。しかしながら，この実験をもしコンピュータの中で模擬実験できれば，大きなコスト削減になるだけでなく，さまざまなパターンを何度でも試せるという利点がある。そして，CGにおいてコンピュータシミュレーションを利用すれば，キャラクタの動きに応じて細かく動く髪の毛や服の動き，水や煙，爆発などといった熟練のアニメータでも再現が難しいものまでコンピュータに計算させることができる。これまでの手作業で動きをつけるキーフレーム法では不可能だった動きが，コンピュータシミュレーションを利用すれば再現可能になり，だれもが高品質なCGアニメーションを制作できるようになる。また，シミュレーションをリアルタイムに計算することができれば，ユーザの入力に対してインタラクティブに反応を返すこともできる。最近のゲームにはすでにコンピュータシミュレーション技術が導入されており，複雑な運動をリアルタイムに表現することが可能となっている。

本書では，コンピュータシミュレーションの中でも物理法則に基づく**物理シミュレーション**（physics simulation）に焦点をあてて解説する。

1.3　物理シミュレーションの基本的な流れ

CGでシミュレーションしたいものと言えば，水や炎，煙，髪の毛や服などの形を変えるものから，ボールなどの運動が物理法則に従うもの，あるいは物体同士がぶつかった際の音（sound rendering）も含まれるだろう。これらをコンピュータ上で計算するには，それぞれの現象を支配する方程式が必要になる。この方程式をたてることを**モデル化**（modeling）と言う。モデル化とは，現実のエッセンスを抜き出し，単純化するということであり，まさにシミュレーションの本質であると言ってもよい。それゆえに，シミュレーションとモデル化は切っても切れない縁がある。

物理シミュレーションでは，まず求めたい物理量（位置や形状）と，いまわかっている物理量（力や質量），およびその二つをつなぐための中間量（速度と加速度）を使って，物体の運動を記述する方程式を導く。微分や積分を使って表されることが多いこれらの方程式のことを**支配方程式**（governing equation）と呼ぶ。支配方程式がわかったら，あとはこれを解けばよいだけである。

現象が数式によって表現されることによって，ここで物理世界とモデル世界とが完全に切り離されることになる。式の形で表現されることによって，物理世界における意味論は完全に失われることになる。

単純な例として，時間で変化する物体の速度 $v(t)$ に対して動いた距離 x を求めるための支配方程式は

$$\frac{\mathrm{d}x}{\mathrm{d}t}=v(t) \tag{1.1}$$

となる。ここで t は時間を表し，動いた距離を t で微分すれば，ある瞬間の速度になるということを表している。

極論ではあるが，x，t，v などの文字自体のもつ意味によって，x はなにかしらの座標値を連想させるし，v は速度，および t は時間であることが予想できるため，かろうじてわれわれは式(1.1)が進んだ距離を表す時間関数であるということを想起するだけである。したがって，もっと意味的に中立な a，b，c などの文字を用いて

$$\frac{\mathrm{d}a}{\mathrm{d}b}=c(b) \tag{1.2}$$

と書けば，これがなにを意味するのかの情報は完全に失われてしまう。定式化されたレベルでは，それで構わないのである。

話を式(1.1)に戻そう。いま，速度が時間 t に比例して変化するとし，比例定数を a とすると，$\mathrm{d}x/\mathrm{d}t = at$ となり，これの両辺に $\mathrm{d}t$ を掛けて積分すると，時間に関して進んだ距離を表す関数

$$x(t) = \frac{1}{2}at^2 + x(0) \tag{1.3}$$

が得られる。ここで，$x(0)$ は初期位置である。これは**解析解**（analytical solution）と呼ばれ，支配方程式が正しいならば，つねに正しい答え（真値）が得られる。このようにして数学的に（解析的に）解くことができれば問題ないが，物理シミュレーションで使われるほとんどの支配方程式は，非線形の微分方程式になるため，解けることのほうが稀である。

方程式が解析的に解けない場合，数値的に解くという方法が残されている。この場合は**数値計算**（numerical calculation）を行うことになる。水や空気などの流体の挙動は，例えば式(1.4)に示す**ナビエ・ストークス方程式**のような数式によって，完全に記述される。

$$\frac{\partial \mathbf{u}}{\partial t} + (\mathbf{u} \cdot \nabla)\mathbf{u} = \frac{1}{\rho} \cdot \nabla p + \nu \nabla^2 \mathbf{u} \tag{1.4}$$

ここで，$\mathbf{u}$ は流体の速度場，ρ は流体の密度，p は圧力，および ν は動粘性係数であるが，この形の方程式はどんなにがんばっても解析的に解くことができない。したがって，強引に数値的に解くことが必要になってくるのである。ただこの場合，強引に解くと言っても，その相手は厳密に言えば現象そのものではなく，数式にすぎない。逆に言えば，定式化のメリットがここにあるわけである。すなわち，物理シミュレーションにおける計算の流れをまとめると，以下のようになる。

1） 現象を表す支配方程式を見つける。

2） 離散量を使って位置や時間などの連続量を離散化する。

3） 数値計算で近似解を計算する。

CG アニメーションでは，一般的に 1 秒間に 30 フレーム（枚）の画像（30

fps：frame per second）が必要となる。時間幅Δt，物体の動き，および形状なども離散量で表し，支配方程式を数値計算で解くことによってその動きがわかる。あとはレンダリングすれば，最終的なCG画像が得られる。

1.4　物理シミュレーションの種類

物理シミュレーションは，CGアニメーションを制作する際にさまざまな場面で使われている。最も用いられているのは，**剛体シミュレーション**（rigid body simulation）であろう。剛体とは変形しない物体である。現実の世界では変形しない物体というのはないので，あくまで仮想的なものであるが，金属や木材，硬化プラスチックなどちょっとした力程度では形を変えないものは剛体として扱うことができる。変形しないとなにがよいかと言うと，物体の動きを単純に一つの移動ベクトルと一つの回転行列で表すことができるということである。

剛体と異なり，布やゴム，水などは簡単に変形してしまう。変形する場合は物体内のすべての点が異なる動きをするのが剛体と異なる点であり，そのために一つのベクトルと行列だけでは物体全体の動きを捉えることができない。しかしながら，理論的に正しい答えを得るためにすべての点での動きを捉えるのは無限の数の点の動きを計算することになってしまう。CGでの応用を考えると，ほかの物体との衝突を入れる必要性，複雑な形状を取り扱わなければならないなどのさまざまな問題に直面する。これらを解決しつつ，正確な解ではないが近似解を求める数値解析の方法が研究されてきている。特にコンピュータを使って近似解を求めるための分野として，**数値解析**（numerical analysis）と呼ばれるものがある。

数値解析を使えば，例えば物体を四面体（2次元なら三角形）や粒子の集合として表すことで変形する物体を計算することができる。変形する物体の中でもゴムや布のようにもとの形状を保とうとするもののことを**弾性体**（elastic body）と呼ぶ。弾性体シミュレーションはキャラクタアニメーションによく用いられている。人間や動物の動きをCGで再現する場合に，剛体を使ったのではロボットのようにしか見えない。なぜならば，筋肉などによる変形がないからである。また，動物キャラクタなら体毛，人間キャラクタなら髪の毛はキャラクタの動きをよりダイナミックに，より現実的に見せるために必要不可欠な要素である。さらに服を着ているならば，身体の形状変化に伴ってできる服のしわや風にたなびく様子を再現できれば，CGキャラクタをより魅力的に見せることができるだろう。このような筋肉や髪の毛，布といったものはすべて弾性体として表すことができる。

水や空気のようにもとの形状をまったく保持せず，物体を構成する分子同士が自由に動き回っている状態を流体と呼ぶ。流体は水のような液体と空気のような気体の2種類が考えられる。この二つは同じ支配方程式を使ってその動きを記述することができる。大きな違いは明確な境界（水面など）をもつかどうかである。流体を使用するシーンは数多く存在し，剛体や弾性体などの固体とのインタラクションによりもたらされた現象まで，どれもCGアニメーションのリアリティを追求するうえでは欠かせない要素である。これらをシミュレーションするのが，**流体シミュレーション**（fluid simulation）である。流体シミュレーション自体は流体力学として古くから研究されており，特に近年はコンピュータを使った**数値流体力学**（computational fluid dynamics：CFD）の研究が盛んである。これをCG分野に生かす例が多い。

演　習　問　題

〔1.1〕 CGアニメーションにおいて，キーフレーム間を補間することをなんと言うか答えよ。

〔1.2〕 キーフレームを補間した値の変化をグラフの曲線で表示したものなんと言うか答えよ。

〔1.3〕 コンピュータシミュレーションにおいて，現実のエッセンスを抜き出し，単純化するということをなんと言うか答えよ。

〔1.4〕 微分や積分を使って表されることが多い物体の運動を記述する方程式のことをなんと言うか答えよ。

2章 ベクトルと力

◆本章のテーマ

物理シミュレーションを理解するうえで欠かせないものが，数学と力学，そして数値解析である。本章では，実際の物理シミュレーションでよく用いられる基本的な数学（おもに線形代数）と力学の初歩について解説する。

◆本章の構成（キーワード）

2.1　ベクトルと行列

　　単位ベクトル，スカラー値，法線ベクトル

2.2　応力とテンソル

　　引張，圧縮，せん断，ひずみ

◆本章を学ぶと以下の内容をマスターできます

☞　ベクトルの基礎とスカラー値

☞　内積と外積

☞　回転を考慮する場合の行列の扱い

☞　応力の種類とテンソル

2.1 ベクトルと行列

2.1.1 ベクトルの基礎

物体の動きを表すときに重要となるのがベクトルである。例えば，速度を表す際に単純に数値だけを使った場合，どのくらいの速さで移動しているのかはわかるが，どの方向に進んだのかはわからない。このような場合，移動方向の情報を加えて**速度ベクトル**（velocity vector）として表す。

x，y，z 軸方向の速度をそれぞれ v_x，v_y，v_z とすると

$$\mathbf{v}=\begin{pmatrix} v_x \\ v_y \\ v_z \end{pmatrix} \tag{2.1}$$

と速度ベクトルは定義される。速度の大きさを知りたい場合は，ベクトルの大きさ

$$|\mathbf{v}|=\sqrt{v_x^2+v_y^2+v_z^2} \tag{2.2}$$

を調べればよい（**図 2.1**）。また

$$\hat{\mathbf{v}}=\frac{\mathbf{v}}{|\mathbf{v}|} \tag{2.3}$$

を**単位ベクトル**（unit vector）と言い，方向成分だけを取り出したものにあたる（実際には大きさ 1 のベクトル）。

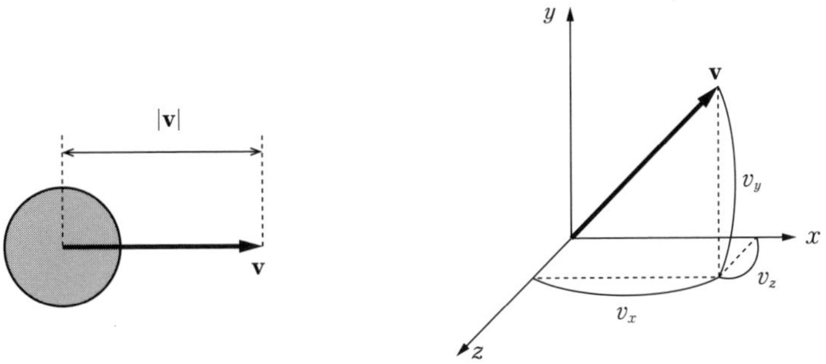

（a）　　（b）

図 2.1　ベクトル

一方で物理量の中には，質量や体積，密度，温度などの方向性がないものもある。これらは**スカラー値**（scalar value）と呼ばれ，ベクトルとは区別される。

ベクトル表現を用いることの利点の一つは，式の簡略化である。例えば，物体に異なる方向から二つの力 **G**，**H** が掛かったとき，その物体に働く全体の力 **F** は

$$\mathbf{F}=\mathbf{G}+\mathbf{H} \tag{2.4}$$

と単純な加算の形で表すことができる。実際の演算では，各要素（x 座標，y 座標，z 座標）ごとに加算する。3 次元ベクトルならば要素数は 3 であるが，CG で使われる**同次座標系**（homogeneous coordinates）の演算の場合，4 次元ベクトル（要素 4）が使われることも多い。

2.1.2 内 積 と 外 積

四則演算とは別に，ベクトルならではの演算として内積と外積がある。**内積**（dot product）は**スカラー積**（scalar product）とも呼ばれ，ベクトル要素の積和をとったものである。

$$\mathbf{a}\cdot\mathbf{b}=a_xb_x+a_yb_y+a_zb_z \tag{2.5}$$

また，ベクトルが挟む角度 θ を使って

$$\mathbf{a}\cdot\mathbf{a}=|\mathbf{a}|\,|\mathbf{b}|\cos\theta \tag{2.6}$$

とも表せる。式(2.6)から，内積が 0 のときはその二つのベクトルは直交している（$\cos 90°=0$）ということがわかる。

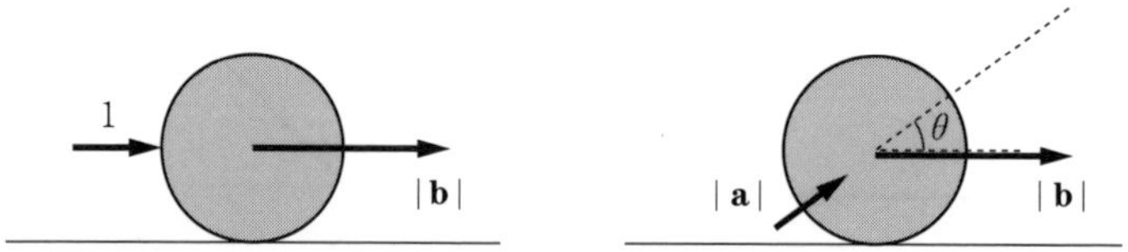

（a） 1 の力でまっすぐ押すと |**b**| 進む　　（b） 進む方向に対して角度 θ から |**a**| の力で押す

図 2.2 球を押す力と方向の関係性の例

ベクトル同士の内積を用いると，力の方向による成分分解が可能となる。例えば，**図 2.2**(a)に示すように1の力でまっすぐ押すと $|\mathbf{b}|$ 進む球があったとする。すなわち，$|\mathbf{a}|$ の力で押せば $|\mathbf{a}||\mathbf{b}|$ 進むということになる。さて，この球が進む方向に対して斜め方向の角度 θ から $|\mathbf{a}|$ の力で押した場合を考える（図(b)）。

まず，押す力 $|\mathbf{a}|$ の中に球を動かす方向の力 $|\mathbf{b}|$ がどれだけ含まれているかを明らかにする必要がある（**図 2.3**）。これは，図 2.3 の三角形の底辺部分となるので，**図 2.4** より $|\mathbf{a}|\cos\theta$ となるのがわかる。すなわち，押す力 $|\mathbf{a}|$ の中には球の進む方向 $|\mathbf{b}|$ の力が $|\mathbf{a}|\cos\theta$ だけ含まれているということであ

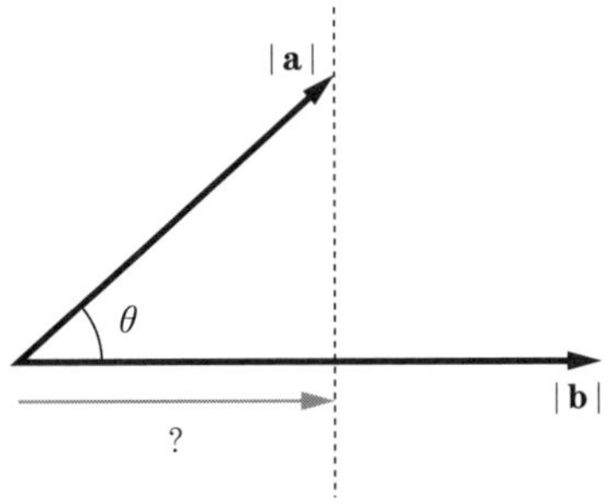

図 2.3 押す力 $|\mathbf{a}|$ に球を動かす方向の力 $|\mathbf{b}|$ はどれだけ含まれている？

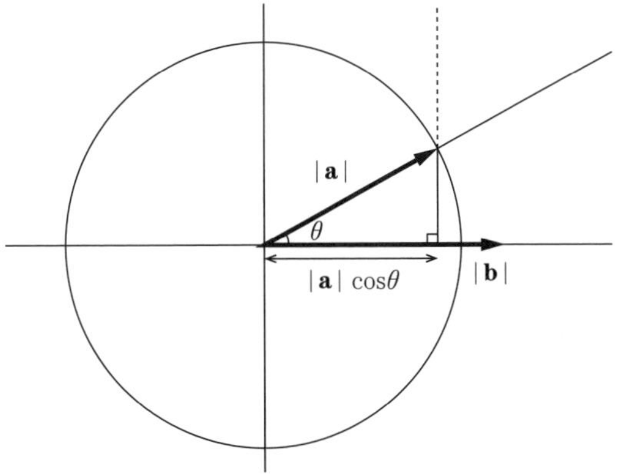

図 2.4 球を動かす方向の力 $|\mathbf{b}|$ は直角三角形の底辺から求まる

る。ここで，この球は1の力でまっすぐ押すと $|\mathbf{b}|$ 進むのだから，力 $|\mathbf{a}|\cos\theta$ だけで押した場合は

$$|\mathbf{a}|\cos\,\theta\cdot|\mathbf{b}|=|\mathbf{a}|\,|\mathbf{b}|\cos\,\theta \tag{2.7}$$

となる。式(2.7)は式(2.6)より，内積の式となっていることがわかる。

このように，内積を利用することによりベクトルの座標から向きを知ることができたり，特定成分を抽出したりすることが可能となる。

ベクトルの**外積**（cross product）は，内積がスカラー積と呼ばれるのに対して，**ベクトル積**（vector product）とも呼ばれる演算である。内積ではスカラー値が結果として得られるが，外積はベクトル積が得られる。3次元ベクトルのときの外積は

$$\mathbf{a}\times\mathbf{b}=(a_yb_z-a_zb_y,\,a_zb_x-a_xb_z,\,a_xb_y-a_yb_x) \tag{2.8}$$

と定義される。外積で得られたベクトルは**図2.5**に示すように，二つのベクトルに垂直なベクトルとなる。この性質から，**三角形ポリゴン**（triangle polygon）の**法線ベクトル**（normal vector）を算出することに使われる（三角形の辺をベクトルとして外積を計算すれば，その三角形に垂直なベクトルが得られる）。また，外積の大きさは

$$|\mathbf{a}\times\mathbf{b}|=|\mathbf{a}|\,|\mathbf{b}|\sin\,\theta \tag{2.9}$$

となり，ベクトル $\mathbf{a}$ と $\mathbf{b}$ がつくる平行四辺形の面積に等しい。

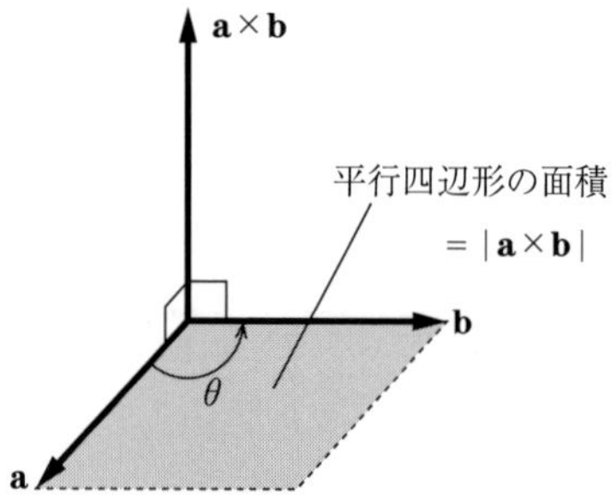

図2.5 外　積

2.1.3 行　　列

前述の例では球の回転を考慮していないが，CGで使うほとんどの形状では

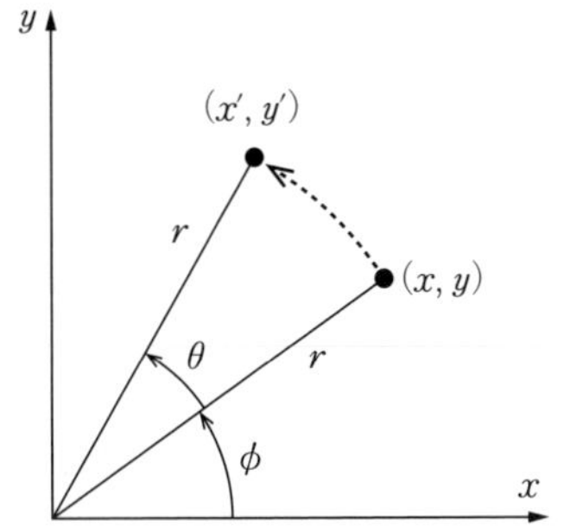

図 2.6　2 次元空間上での座標値回転

回転（rotation）を考慮しなければならない。点が平行移動ではなく回転する最も単純な場合として，**図 2.6** のように 2 次元空間で座標(x, y)にある点が原点を中心に角度θだけ回転し，座標(x', y')に移動する場合を考える。

$$\begin{cases} x = r\cos\phi, & y = r\sin\phi \\ x' = r\cos(\phi + \theta), & y' = r\sin(\phi + \theta) \end{cases}$$

加法定理を使って変形すると

$$x' = x(\cos\phi\cos\theta - \sin\phi\sin\theta)$$

$$y' = x(\cos\phi\cos\theta + \sin\phi\sin\theta)$$

これよりこの座標変換は，以下の連立方程式として表すことができる。

$$\begin{cases} x' = x\cos\theta - y\sin\theta \\ y' = x\sin\theta + y\cos\theta \end{cases} \tag{2.10}$$

ここで重要な点は，座標変換が連立方程式の形で表されるということである。3 次元ならば 3 元連立方程式となる。

さて，$(x, y)^T \to (x', y')^T$ のベクトル間の変形として式(2.10)を以下のように記述する。

$$\begin{pmatrix} x' \\ y' \end{pmatrix} = \begin{pmatrix} \cos\theta & -\sin\theta \\ \sin\theta & \cos\theta \end{pmatrix} \begin{pmatrix} x' \\ y' \end{pmatrix} \tag{2.11}$$

このときの$\begin{pmatrix} \cos\theta & -\sin\theta \\ \sin\theta & \cos\theta \end{pmatrix}$を**回転行列**（rotation matrix）と呼ぶ。この場合は 2×2 の大きさの行列であり，i 行目 j 列番目の要素を a_{ij} と表す。ベクト

ルでは単純に a_i としていたのを思い出してほしい。行列はベクトルを多次元に拡張したものになっている。式(2.11)はベクトル表記を使うと

$$\mathbf{x}' = \mathbf{x} \tag{2.12}$$

とコンパクトに表すことができる。ここで，$\mathbf{R}$ は回転を表す行列であり，2 次元なら 2×2 の行列，3 次元なら 3×3 の行列となる。

式(2.10)と式(2.11)の関係から，行列とベクトルの積 $c = \mathbf{Ab}$ は

$$c_i = \sum_{k=1}^{n} a_{ik} b_k \tag{2.13}$$

となることがわかる。ここで，a_{ik} は $n \times n$ 行列 $\mathbf{A}$ の i 行 k 列目要素を示し，b_k は n 次元ベクトル $\mathbf{b}$ の k 番目の要素を示す。

行列を座標変換に使った場合，複数の座標変換を合成して一つの行列にまとめることができる。例えば，座標 x を角度 θ で回転したあと（回転行列 $\mathbf{R}_\theta$），角度 ϕ だけ回転する（$\mathbf{R}_\phi$）とすると，その結果の座標は

$$x'' = \mathbf{R}_\phi x' = \mathbf{R}_\phi \mathbf{R}_\theta x \tag{2.14}$$

となる。ここで $\mathbf{R} = \mathbf{R}_\phi \mathbf{R}_\theta$ とすると，式(2.12)と同じになる。$\mathbf{R}_\phi \mathbf{R}_\theta$ をあらかじめ計算しておけば，各頂点で 3×3 行列とベクトルの積を一度だけ計算すれば済む。

2.1.4　固有値，固有ベクトル

固有値（eigen value），**固有ベクトル**（eigen vector）は，行列で表される線形変換の特徴を表す量の一つであり，物理シミュレーションのみならず，画像処理や 3D 形状モデリングなどのさまざまな分野で使われている。

線形変換を表す行列 $\mathbf{A}$ に対して

$$\mathbf{Au} = \lambda \mathbf{u} \tag{2.15}$$

を満たすベクトル $\mathbf{u}$ とスカラー λ（どちらもゼロでないこと）が存在するとき，$\mathbf{u}$ を固有ベクトル，λ を固有値と言う。固有値，固有ベクトルは特性方程式を解くことで計算できる。式(2.15)を以下のように変形してみる。

$$(\mathbf{A} - \lambda \mathbf{E})\mathbf{u} = \mathbf{o} \tag{2.16}$$

ここで，$\mathbf{E}$ は単位行列，$\mathbf{o}$ は零ベクトルである。$\mathbf{u}$ が零ベクトルでない（固有ベクトルが存在する）ならば，この式が成り立つためには「行列（$\mathbf{A}-\lambda\mathbf{E}$）が非正則」という条件を満たさなければならない。行列が非正則というのはすなわち，逆行列が存在しないということである。もし正則で逆行列が存在してしまうと，式(2.16)の両辺にその逆行列を掛けると $\mathbf{u}=\mathbf{o}$ となってしまい，$\mathbf{u}$ がゼロでないという前提が成り立たない。そのため

$$\det(\mathbf{A}-\lambda\mathbf{E})=0 \tag{2.17}$$

を λ について解けば固有値が得られる。固有値が計算できれば，あとは式(2.16)に代入することで固有ベクトルも計算できる。ただし，固有ベクトルは各固有値ごとに存在し，式(2.16)に λ を代入した場合，無限個の解が存在する式となる（固有ベクトルのスカラー倍も固有ベクトルになるため）ことに注意が必要である。

固有値は回転には無関係であり，固有ベクトルのスカラー倍だけを表しているため，線形変換を表す行列から変形成分だけを取り出すことが可能となる。この性質は，物体の回転に不変な形状特徴を定義するのに役立ち，変形する物体のシミュレーションでも役に立つ。

2.2 応力とテンソル

弾性体の変形を扱う**弾性体力学**（elastic mechanics），液体や気体の振舞いを扱う**流体力学**（fluid dynamics）などはすべて“力学”の一つである。力学は物体に作用する力，物体によって発生する力を中心として，それによる物体の運動，力の相互作用について調べる学問である。**物理シミュレーション**（physics simulation）もまた力をメインに扱うので，必然的に力学を使うことになる。

ボールに掛かる力を考えたとき，ビリヤードのように 1 点を狙って打つといった操作なら問題ないかもしれないが，ボールを手でつかんで投げたとき，柔らかいボールを踏んだときなどはどうだろう？ 1 点だけではこれらの運動は捉えきれない。そこで，点ではなく面に力が掛かることを考え，この力が微

小な体積に働くことを考えてみよう。面に力が掛かった場合，力の大きさだけでなく，作用している面の広さも考慮しなければならない。

力と作用面，両方の影響を考えるために，単位面積あたりに掛かる力$\boldsymbol{\sigma}$を導入する（単位は$\mathrm{N/m^2}$）。これは**応力**（stress）と呼ばれ，力$\mathbf{F}$と作用面積Sから

$$\boldsymbol{\sigma} = \frac{\mathbf{F}}{S} \tag{2.18}$$

となる。さらに点でなく微小体積を考えているので，**図 2.7** に示したように力の掛かり方によって，**引張応力**（tensile stress），**圧縮応力**（compressive stress），**せん断応力**（shearing stress）の 3 種類に分類される。

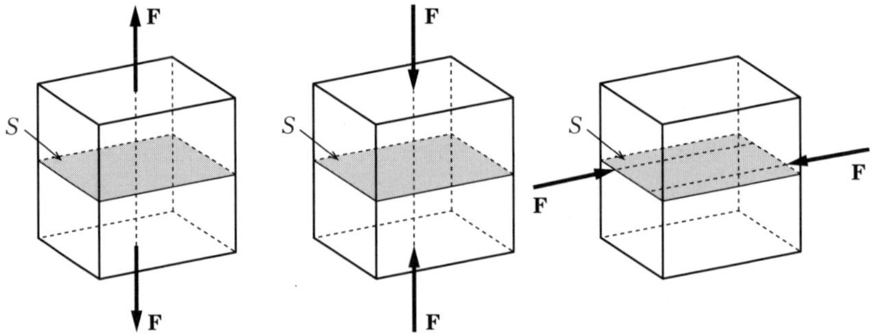

（a）　引張応力　　（b）　圧縮応力　　（c）　せん断応力

図 2.7　応力の種類

つぎに力が掛かったときの変形を考えよう。それぞれの応力による変形は，**図 2.8** のようになる。引張応力と圧縮応力の場合，変形量は$l'-l$，$d'-d$となる。変形量はlやdが異なると違ってしまう。同じ体積の物体に同じ力を掛けても，細長いものと太短いものでは変形量が違う。

微小体積の形状による変化をなくすために，変化量をl，dで割ったものを使う。

$$\varepsilon = \frac{l'-l}{l}, \qquad \varepsilon' = \frac{d'-d}{d} \tag{2.19}$$

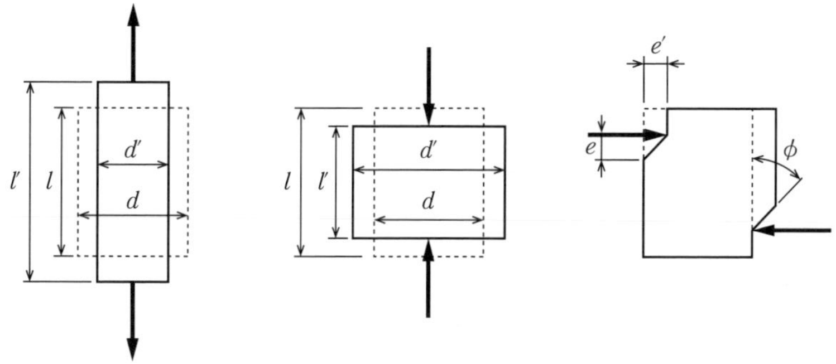

（a） 引張ひずみ　（b） 圧縮ひずみ　（c） せん断ひずみ

図 2.8　ひずみの種類

これらを**ひずみ**（strain）と呼ぶ。長さを長さで割っているので，ε は**無次元量**（dimensionless quantity，単位なし）である。ε は**縦ひずみ**（longitudinal strain），ε' は**横ひずみ**（transversal strain）とも呼ばれる。縦ひずみと横ひずみの比 ε'/ε は，**ポアソン比**（Poisson's ratio）と呼ばれる。

一方，せん断時のひずみは**せん断ひずみ**（shearing strain）と呼ばれ，通常のひずみと異なり図 2.8(c)で示した e，e'，ϕ を使って

$$\gamma = \frac{e'}{e} = \tan \phi \qquad (2.20)$$

となる（この場合，物体は変形しているだけで回転していない純せん断とする)。

ここまでは応力はスカラー値として考えてきたが，実際には 1 方向だけなく，x 軸方向，y 軸方向，z 軸方向の引張/圧縮を考える必要がある。ここで，応力をベクトル $\boldsymbol{\sigma} = (\sigma_x, \sigma_y, \sigma_z)$ と表すことはできない。なぜなら，せん断応力が存在するからである。せん断応力はせん断面と力の掛かる方向によって 6 種類に分かれる。x 軸に垂直な面上で y 方向と z 方向に働く力，y 軸に垂直な面上で x 方向と z 方向に働く力，および z 軸に垂直な面上で x 方向と y 方向に働く力である（**図 2.9**)。

このように，応力は一つのベクトルでは表しきれない。そこで，**テンソル**

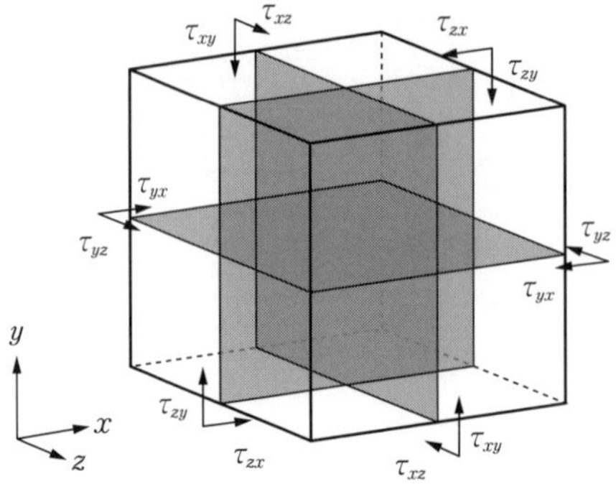

図 2.9　せん断応力の掛かり方

(tensor) という概念を用いる[1]。テンソルはベクトルを拡張したようなもので，行列を使って表現する。

$$
\begin{pmatrix} \sigma_{xx} & \tau_{xy} & \tau_{zx} \\ \tau_{xy} & \sigma_{yy} & \tau_{yz} \\ \tau_{zx} & \tau_{yz} & \sigma_{zz} \end{pmatrix} \tag{2.21}
$$

ここで，σ_{ii} は引張/圧縮応力，τ_{ij} $(i \neq j)$ はせん断応力である。またそれぞれの添え字は，一つ目が力が作用する面を表し，二つ目が力の向きを表す。

テンソルを使うと，応力を一つにまとめることができるだけでなく，さまざまな方向への力の分布も表されているということが重要である。例えば，物体のある領域に掛かっている最大の引張力とその方向を求めたい場合，応力テンソルの固有値，固有ベクトルを求めると，最大の固有値が応力の最大値，それに対応する固有ベクトルがその方向となる。

演 習 問 題

〔**2.1**〕　ベクトルの内積を計算することによって可能となることはなにか答えよ。
〔**2.2**〕　ベクトルの外積を計算することによって算出できるものを答えよ。
〔**2.3**〕　応力の種類を三つ答えよ。

3章 手続き型形状表現法

◆本章のテーマ

本章では，「アルゴリズム」と呼ばれる数理的な手順を利用することによって行われる図形形状のデザインを解説する。アルゴリズムとして手順をコード化することで，少ないデータで複雑な形状を再現することが可能となる。

手続き型形状表現法はさまざまな分野に応用が可能で，特に自然界の形状や現象はその仕組みをよく観察するとなにかしらの規則性があることが多く，複雑に見える形状であってもじつはシンプルなルールの組合せであったり，再帰的に何度も同じルールを適用することで表現が可能であるものもある。

本章では，その中でもフラクタルとボロノイ図のアルゴリズムとその応用例について解説する。

◆本章の構成（キーワード）

3.1　フラクタル

　　自己相似性，コッホ曲線，マンデルブロ集合

3.2　ボロノイ図

　　ボロノイセル，Worley Noise

◆本章を学ぶと以下の内容をマスターできます

☞　フラクタルの特徴と例

☞　マンデルブロ集合のアルゴリズムと応用

☞　ボロノイ図の特徴とアルゴリズム

3.1 フ ラ ク タ ル

3.1.1 フラクタルの概要

海岸線や毛細血管，植物の形などは全体の形と部分の形がよく似ているという特徴がある。例えば，リアス式海岸の複雑に入り組んだ形状は，狭い範囲を見ても，また空から広い範囲を眺めても，同様な形状であるように感じられる。

このように，縮尺を変えても全体と部分の形状が相似の関係にあることを**自己相似性**（self-similarity）をもつと言う。自己相似性をもつ図形は，全体の形状がその形状の各部分にも表れる，すなわち自分自身の縮小変換の集合で表せる。このような図形を**フラクタル**（fractal）と呼ぶ。フラクタルの例として有名な図形が**図 3.1** に示す**コッホ曲線**（Koch curve）である。

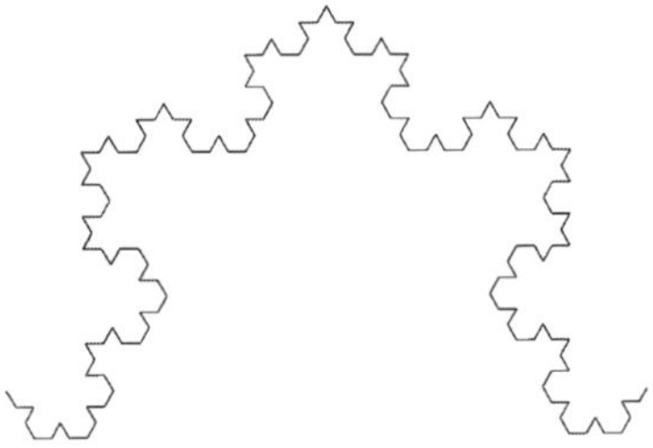

図 3.1　コッホ曲線

この曲線は，もととなる線分（**図 3.2**(a))を 3 等分し，図(b)のように中央の部分 s-t を s-u-t のように折り曲げるという操作を再帰的に適用することによって図(c)が，さらに図(d)がつくられる。このため，中央部を正三角形状に突出させた線分がいたるところに表れ，どこをどんなに拡大しても同じ形状が繰返し得られる。このように，縮尺の違いに左右されない不変性を**スケーリング則**（scaling law）と言い，フラクタルの重要な特性の一つとされている。なおコッホ曲線を SideFX 社の Houdini によって実装したものが「0301_KochCurve.hip」

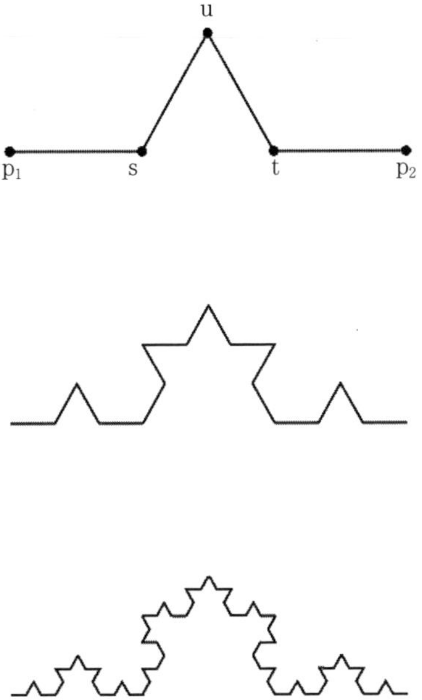

（a）$n=0$
（b）$n=1$
（c）$n=2$
（d）$n=3$

図 3.2　コッホ曲線の生成

である[†]。

コッホ曲線と同様に数学的な手続きでつくられ，自己相似性をもつ図形として，**マンデルブロ**（Mandelbrot）**集合**や**ジュリア**（Julia）**集合**などが知られている。マンデルブロ集合は，数学者のブルワ・マンデルブロにちなんで名前が付けられた 2 次元平面上の点の集まりで，便宜上それを複素平面で表す。複素平面を利用することで，一つの数（複素数）を使って座標の位置を指定することが可能なる。

† プログラムファイルは本書の書籍詳細ホームページ（https://www.coronasha.co.jp/np/isbn/9784339027976/）からダウンロードすることができます。

複素平面上の任意の点 c は，以下のように表す。

$$c = a + bi \tag{3.1}$$

例えば，$2+3i$ と表される複素数は，x 座標の位置が 2 で，y 座標の位置が 3 の座標位置を示している。これに虚数 i を掛けると $-3+2i$，すなわち x 座標が -3 で y 座標が 2 となり，ちょうど原点を中心に反時計回りに 90 度回転した位置に点が移動することになる（**図 3.3**）。

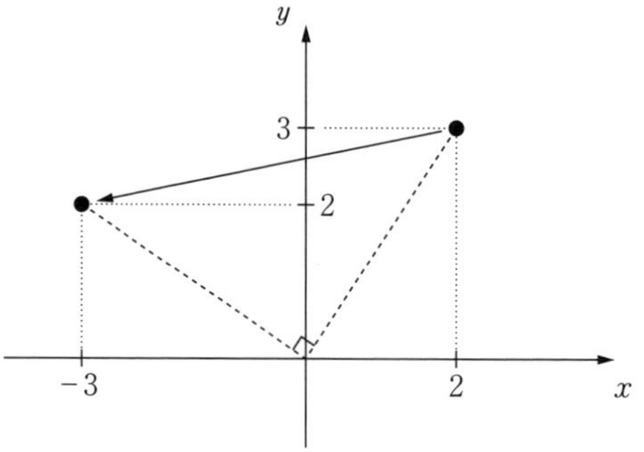

図 3.3　複素平面の例

このように，複素平面は点の移動や回転を虚数の掛け合わせを利用することで簡単に行うことができるという性質を持っているため，2 次元空間を扱う際には便利なことがある。

3.1.2　フラクタルの応用

2 次元テクスチャを 3 次元物体や曲面などに貼り付けて表示する**テクスチャマッピング**（texture mapping）において，テスクチャを手続き的な手法で自動生成させる技術がある。一般的には，どのような手続きを用いるかにより得られるテクスチャの特徴が異なり，また，パラメータを変更することにより，さまざまな類似したテクスチャが得られる。例えば，乱数やフラクタルなどをテクスチャ生成に用いることにより，不規則さや自己相似性などをもった自然物特有のパターンを作成することができ，さらにパラメータを調整することにより，その個体差などを表現するテクスチャを生成することができる。

3.1.3 マンデルブロ集合のアルゴリズム

複素平面上でのマンデルブロ集合は，つぎのような定義式で表現される。

$$\begin{cases} Z_{n+1} = Z_n^2 + c \\ Z_0 = 0 \end{cases} \tag{3.2}$$

この連立方程式は複素数を用いた数列を表しており，これを**複素数列**（complex sequence）と呼ぶ。c は，平面上にある各点の座標を複素数で表したものとなる。この式にある n を 0 から始めて，1 ずつ繰り上げていくことで，各点における Z_{n+1} の値が更新されていく。n を無限に上げていった際に，Z_{n+1} の値が極端に大きな値になった場合，それを「無限に発散した」と言う。そして，この無限に発散した点を平面から取り除いた点の集合がフラクタル図形となる。これを**マンデルブロ集合**（mandelbrot set）と呼ぶ。

この過程を視覚的に説明する。まず，任意の平面グリッド上に式(3.1)の点 c が存在するとする。このとき，式(3.2)の連立方程式を解くと，つぎのような流れになる。

$$\begin{cases} Z_0 = 0 \\ Z_1 = a + bi \\ Z_2 = (a^2 - \mathrm{b}^2 + 2abi) + a + bi = (a^2 - b^2 + a) + (2ab + b)i \end{cases} \tag{3.3}$$

これを n 回繰り返すと，つぎのような式が得られる。

$$Z_{n+1} = (a_n^2 + b_n^2 + a) + (2a_nb_n + b)i \tag{3.4}$$

式(3.4)の a_n と b_n は，n 回計算を繰り返した際の係数である。式(3.4)から，得られた z の値もまた，虚数 i を含む複素数となることがわかる。つまり，平面上の座標点（$a_n^2 + b_n^2 + a$，$2a_nb_n + b$）を表していることとなる。すなわち，n を 1 ずつ繰り上げて計算を重ねるたび，最初は $x = a$，$y = b$ の位置にあった点が，複素数同士の計算により別の位置に移動しているということである。そして，計算を開始した任意の点 c の位置によっては，計算を何度か繰り返すと原点から非常に遠い位置に点が移動していく。この状態を「発散した状態」と言う。任意の点 c の発散していく様子を描画し，発散した点のもとになった起点を削除していくと，結果としてマンデルブロ集合のフラクタル図形を得ること

ができる（**図 3.4**）。ここで $|Z|>2$ であれば，その点はマンデルブロ集合の点ではないと判定できる。

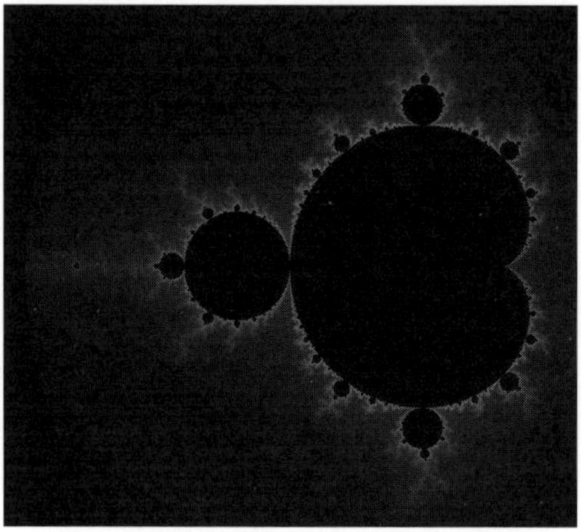

図 3.4　マンデルブロ集合（口絵 1 参照）

3.1.4　マンデルバルブのアルゴリズム

前項で 2 次元であるマンデルブロ集合のアルゴリズムを説明したので，応用編として 3 次元に拡張した**マンデルバルブ**（mandelbulb）のアルゴリズムを説明する[1)]。

マンデルバルブにより描画される形状は，自然界に見られるような植物的な形状に近いものである。マンデルバルブでは，マンデルブロ集合と違って複素平面は使えない。なぜならば，複素数は 3 次元には展開できないからである。その代わりに，半径と角度を利用することで座標を指定する方式である極座標系を利用する。3 次元空間における極座標系は，球体の上に乗っている点の位置を指定するイメージである。半径 r の球体に乗った点の位置を表すためには，原点からの距離を表す半径 r と，二つの角度（θ と ϕ）の組合せによって点の位置を表すことができる。

極座標系におけるマンデルバルブの定義式は，以下の式(3.5)のようになる。

$$
\begin{cases}
v_{n+1} = v_n + \mathbf{c} \\
v_n = r_n^m \langle \sin(m\theta_n)\cos(m\phi_n), \sin(m\theta_n)\sin(m\phi_n), \cos(m\theta_n) \rangle \\
v_0 = 0
\end{cases}
\tag{3.5}
$$

また，式(3.5)で使用されている v 以外の個々の値は，以下のようになる。

$$
\mathbf{c} = \langle x, y, z \rangle \qquad r_n = \sqrt{x_n^2 + y_n^2 + z_n^2}
$$

$$
\theta_n = \arctan\left(\sqrt{\frac{x_n^2 + y_n^2}{z_n^2}}\right) \qquad \phi_n = \arctan\left(\frac{y_n}{x_n}\right)
$$

なお，この式で使われている m は任意の係数であり，この値を変化させることで最終的なマンデルバルブの形状に変化をもたらすことができる。具体的には，m の値が大きくなればなるほどマンデルバルブの枝の数が多くなり，全体の形状が球体に近づくようになる。

〈 〉で囲まれている値 $\mathbf{c}$ は，x，y，z 座標の位置を示す3次元ベクトルを意味する。そしてマンデルブロ集合のときと同じように，ここでの $\mathbf{c}$ は3次元空間上の計算をする前の任意の点の位置を表し，また n の値を0から始めて1ずつ繰り上げていく過程で数列の計算を行う。そのときの v_n の値が無限に発散したかどうかを確かめ，発散した場合はそのもととなった点を削除する。その結果残った点が，マンデルバルブの形状となる（**図3.5**）。

図3.5 マンデルバルブ（口絵2参照）
（Houdiniでの実装例：0302_Mandelbulb.hip）

3.1.5　マンデルバルブの実装手法

本項では，前述したマンデルバルブのアルゴリズムを用いて，マンデルバルブ形状を Houdini で再現する手法を紹介する。大きな考え方として，Houdini のボリューム（ボクセル空間）を利用してボクセルの値を計算し，それが無限に発散するかどうかを確認したうえで，発散したボクセルと発散しなかったボクセルの間の表層を視覚化するという流れになる。また，マンデルバルブにはどれだけ拡大してもフラクタル形状が永遠に続くという特徴がある。それを視覚的に確認できるように，マンデルバルブの形状のある部分を拡大して見ることができるようにする。

〔1〕 **ベースのボリュームをつくる**　　まずはじめに，マンデルバルブの計算を行うベースとなるボリューム（ボクセル空間）をつくる（**図 3.6**）。

図 3.7 に示すように Volume ノードの名前を density とし，その XYZ 軸の大

図 3.6　ノードの作成

図 3.7　パラメータの設定

きさを3とする。そして，Uniform Samping Divsというパラメータをつぎのように設定し，メインパラメータとリンクさせてボリュームの解像度をコントロールできるようにする。

Uniform Samping Divs：ch(”../CONTOLLER/resolution”)

この解像度が高ければ高いほど，より緻密なマンデルバルブの3次元模様を見ることができるが，計算のための時間が増えていくことに注意する。

〔2〕 **マンデルバブルの計算を行う**　つぎに，ボリューム空間に対してバンデルバルブの計算を行う。

図3.8のようにVolume Wrangleノードを作成して名前をMandelbulbに変更し，第1入力にdensityのアウトプットを接続する。そして，VEXコードを以下のように記述していき，マンデルバルブの計算を行う。

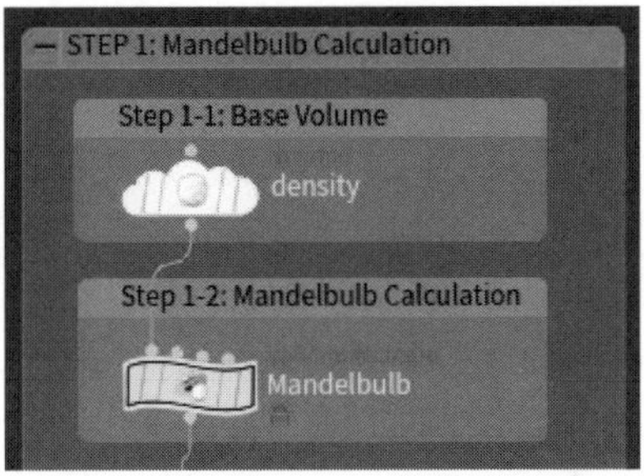

図3.8　ノードの作成

メインパラメータとしてコントロールしたい変数に，ch関数でプロモートしたVolume Wrangleノードのパラメータをリンクさせる。

```
// 変数
int iteration = chi("iteration");
// 繰り返し計算の数を表すパラメータ値
float n = chf("n");
// 固定の係数を表すパラメータ値（アルゴリズムの項のmに相当）
float shift = chf("shift");
// ジオメトリの位置を移動するオフセット値を表すパラメータ値
float scale = chf("scale");
// ジオメトリの大きさをコントロールする値を表すパラメータ値
```

scale：ch("../CONTOLLER/scale")

shift：ch("../CONTROLLER/shift")

n：ch("../CONTROLLER/n")

iteration：ch("../CONTROLLER/iteration")

つぎにデフォルトの密度の値を設定する。

```
// ボリュームのすべてのボクセルの密度（density）を1に設定しておく
f@density = 1;
```

ボクセル空間で表示されるマンデルバルブ図形の大きさをコントロールできるようにし，またその位置をオフセットできるようにする。

```
// パラメータのジオメトリのオフセット値から，XYZにジオメトリを移動するための3次元ベクトルの値をつくる
vector shiftv = set(shift, shift, shift);
// ボリュームの各ボクセルの位置を，パラメータのスケール値とオフセット値を使って拡大，移動してアップデートする
vector c = (@P) * scale + shiftv;
// マンデルバルブの計算式を使って移動させるボクセルの初期位置を，先につくったベクトルcから受け取る
vector v = c;
```

アルゴリズムの記述で説明した定義式を利用して，各ボクセルの位置を指定した数だけ移動（空間中でのジャンプ）させる。最終的に移動したボクセルの位置が無限遠に飛んだとき，その点は発散したと判断する。ただし，VEXのコードでは無限の値を表現することができないため，ここでは点の位置が原点から2以上離れていたときに無限遠であると仮定する。発散していない点の位置は，原点から0～1の距離の範囲にあるため，2以上離れていれば無限の位置に発散したとする判断を妥当だとする。

```
// 指定した回数だけ，計算を繰り返し行う
for(int i=0; i<iteration; i++){
    // 変数rにベクトルvの原点からの距離を入れる（アルゴリズムの項のrに相当）
    float r = length(v);
    // 変数phiに計算値を入れる（アルゴリズムの項のzに相当）
    float phi = atan2(v.y, v.x);
```

```
    // 変数thetaに計算値を入れる（アルゴリズムの項のiに相当）
    float theta = atan2(sqrt(v.x*v.x + v.y*v.y),v.z);
    // 点を移動するときの移動距離を計算する
    float vr = pow(r, n);
    // X方向の値を計算する
    float vx = sin(n * theta) * cos(n * phi);
    // Y方向の値を計算する
    float vy = sin(n * theta) * sin(n * phi);
    // Z方向の値を計算する
    float vz = cos(n * theta);
    // 点を移動したときの新しい位置を計算する（アルゴリズムの項のv_{n+1}に相当）
    v = set(vx, vy, vz) * vr + c;

    // 更新されたvが無限に発散したかどうかを確認する
    if(length(v) > 2){
    // 原点から2以上離れていれば発散したとみなす
        // 発散していたらdensityを0にする
        f@density = 0;
    }

}
```

移動したボクセルが発散していたとき，移動を繰り返す前のもとのボクセルのボリュームの密度を0とすれば，発散していないボクセルと発散したボクセルを切り分けることができる。この境目を表現することで，**図3.9**のようなマンデルバルブの図形が表示される。

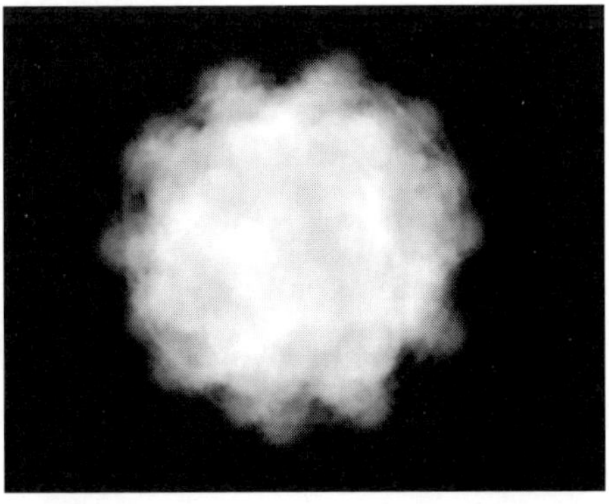

図3.9　マンデルバルブボリューム

〔3〕 **マンデルバルブのボリュームを SDF に変換する**　ボリュームデータのままでは詳細を確認することが難しいため，ボリュームデータからポリゴンに変換する。その手順として，まずは Convert VDB ノードを使用してボリュームデータを SDF（符号付距離フィールド）という別のボリュームデータフォーマットに変換する（**図 3.10**）。

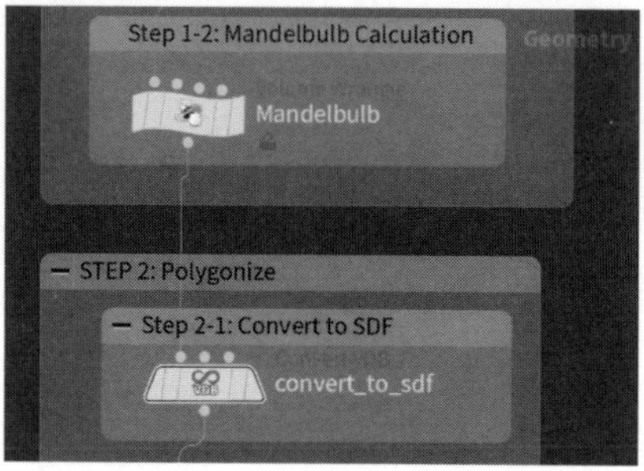

図 3.10　ノードの作成

VDB とは，volumetric, dynamic grid that shares several characteristics with B＋trees の略称であり，**Sparse Volume** データを処理するためのオープンソースソフトウェアライブラリである。VDB の大きな特徴は，Sparse Volume と呼ばれるデータ形式で Volume を保存することによって，定義された Back Ground Value と同じ値のボクセル（物体以外の空洞の場所のボクセル）の情報がメモリ内に保持されず，保存時のデータ容量を非常に小さくすることができる。さらに，データの読み込みや書き出しのスピードをより速くすることが可能である。

Volume Wrangle ノードのアウトプットと Convert VDB ノードの一つ目のインプットを接続する。パラメータの Convert to を「VDB」に設定し，パラメータの VDB Class を「Convert Fog to SDF」に設定する（**図 3.11**）。

Volume ノードで作成したボリュームは Fog タイプと呼ばれるもので，ボクセル 1 点 1 点に密度を設定するため，霧のような表現をするのには向いているが，空間全体に透明度があるサーフェスとして表現するのには向いていない。それに対して，VDB による SDF という種類のボリュームフォーマットでは，

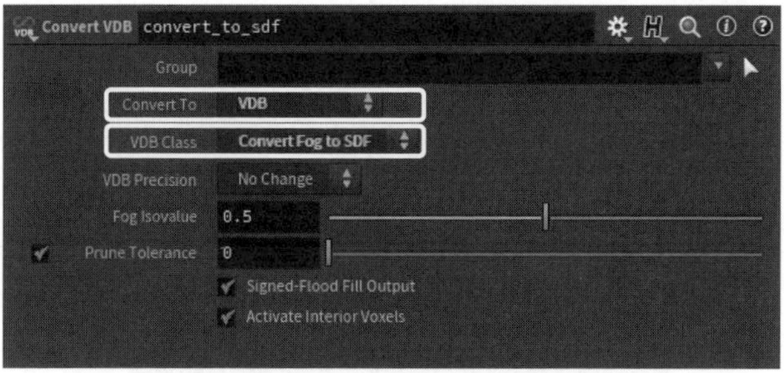

図 3.11 パラメータの設定

各ボクセルに設定された正と負の値の境目の部分を面として表現することができる。これを使うことにより，ボリュームの境目をくっきりと描写することができるようになる。

〔4〕 **マンデルバルブの SDF をスムース化し，ポリゴンに変換する** SDF に変換したあと，ポリゴン化に向けて多少なめらかにする。そして，再度 Convert VDB ノードを使って（**図 3.12**），今度は SDF からポリゴンに変換する。パラメータの Convert To を「Polygons」に設定する（**図 3.13**）。

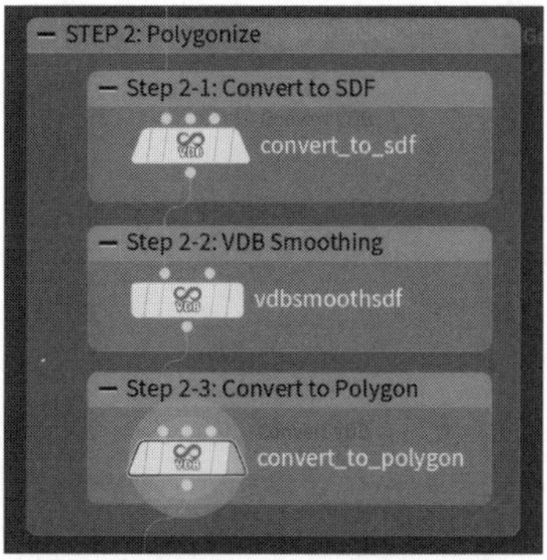

図 3.12 ノードの作成

これによって，**図 3.14** のようなポリゴン化したマンデルバルブの図形が表示される。

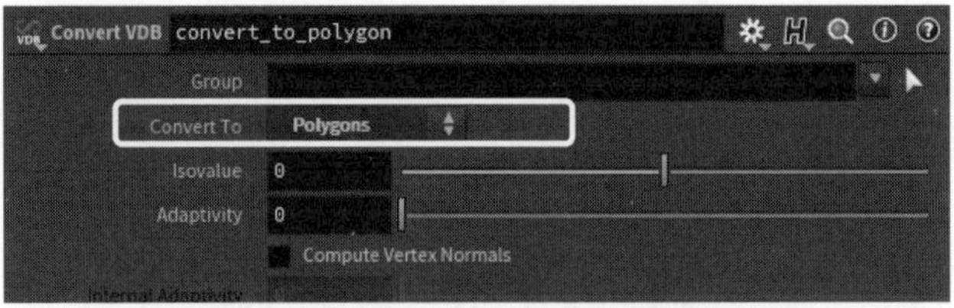

図 3.13　パラメータの設定

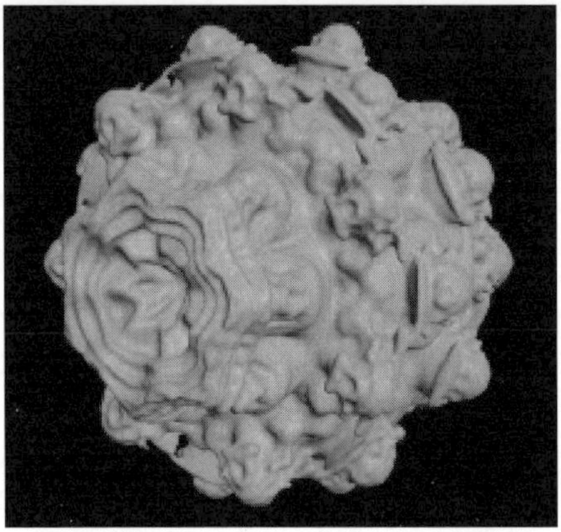

図 3.14　ポリゴン化したマンデルバルブ

〔5〕 **マンデルバルブの色情報をつくり，色を付ける**　　ポリゴン化したマンデルバルブに，各 Point の法線方向に応じて色を付ける。具体的には，太陽の下のオブジェクトのように，下向きの面と上向きの面で色を変える。そのために，ここでは Point Wrangle ノードを使用する（**図 3.15**）。

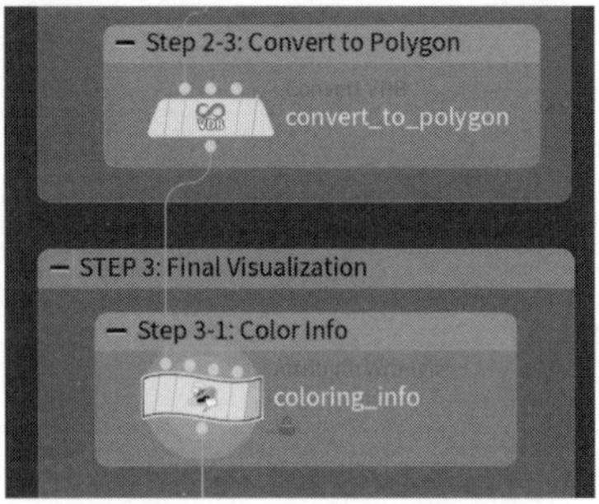

図 3.15　ノードの作成

Attribute Wrangle（“coloring_info”）ノードを接続し，以下のようにVEXコードを記述する。

```
// 上向き方向とポリゴンの法線との内積を計算する
float dot = dot(@N, set(0, 1.0, 0));

// 内積値をアトリビュートに格納する
f@col = dot;
```

ベクトルの内積の結果は，二つのベクトルが同じ方向を向いているほど1に近づき，反対方向を向いていると−1に近づく。この性質を利用し，上下方向に応じた色を設定する。

あとはAttribute Rampで好きな色を配色して設定すれば，マンデルバルブに色を付けることが可能となる。この方法を使って色を付けるメリットは，ライトを配置することなく擬似的に光があたっているような様子を表現することができることである。

3.2　ボ　ロ　ノ　イ　図

3.2.1　点ベースのボロノイ図

ボロノイ図とは，数学上の定義では「空間上の任意の位置に配置された複数個の点（母点）同士の距離に応じて分割された領域」のことを指し，2次元空間の境界線，あるいは3次元空間の境界面が各点を結ぶ線の2等分線の一部となる（**図3.16**）。また，そのように分割された各領域は**ボロノイセル**とも呼ばれる[2)]。

ボロノイ図をつくるアルゴリズムはいくつか存在するが，ここで紹介するのは**Worley Noise**というSteven Worleyによって紹介されたノイズ関数の一種で，CGではおもにプロシージャルなテクスチャを作成する際に用いられるものである[3)]。これによって描かれるボロノイ図の1個1個のセルは，母点からセルの外周に向かうグラデーション状の図となる（**図3.17**）。

Worley Noiseによるボロノイ図生成のアルゴリズムは，以下のとおりである。

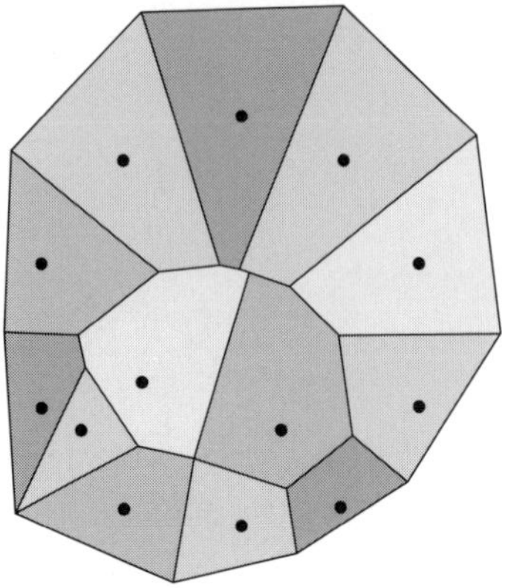

図 3.16　ボロノイ図

図 3.17　Worley Noise によるボロノイ図

1）2 次元，あるいは 3 次元空間に与えられた母点を図 3.16 や**図 3.18** のようにプロットする。

2）空間をグリッドに分割する。

3）グリッドの各点から一番近い母点との距離を測り，その値を点に格納する（図 3.18）。

4）グリッドの各点に格納された値を色情報として可視化する。

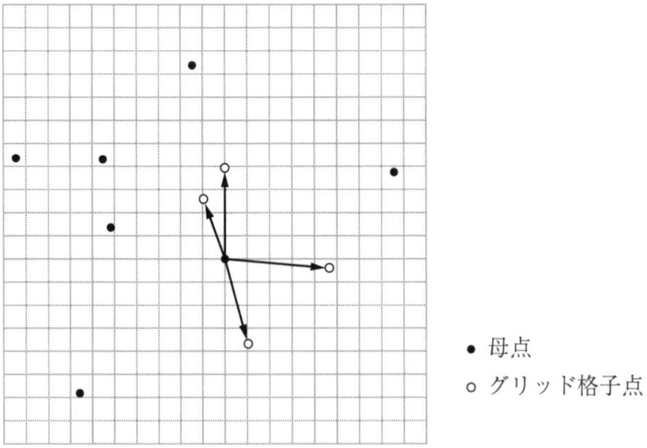

図 3.18　母点とグリッド格子点との距離の測定

このようにして作成されたグラデーショナルなボロノイ図は，3次元のボリュームデータに対して適応できるという利点がある。ただし，このアルゴリズムでは画像としての描画はできるが，ボロノイ図の領域境界情報（線分情報）が得られるわけではない。

3.2.2　曲線ベースのボロノイ図

曲線ベースのボロノイ図は，Worley Noise のアルゴリズムを応用して点ベースのボロノイ図を拡張したものである。

アルゴリズムは，以下のとおりである。

1）3次元ボリューム空間上に入力となる任意の曲線を複数配置する。

2）3次元ボリューム空間をグリッドに分割する。

3）グリッドの各点とそれぞれの曲線との最短距離を計算し，一番近い距離をボリュームの各ボクセルに情報を付加する。

4）グリッドの各曲線に格納された値を，任意のしきい値で色情報として可視化して，3次元ポリゴンに変換する。

このアルゴリズムを実装した結果が**図 3.19** である。

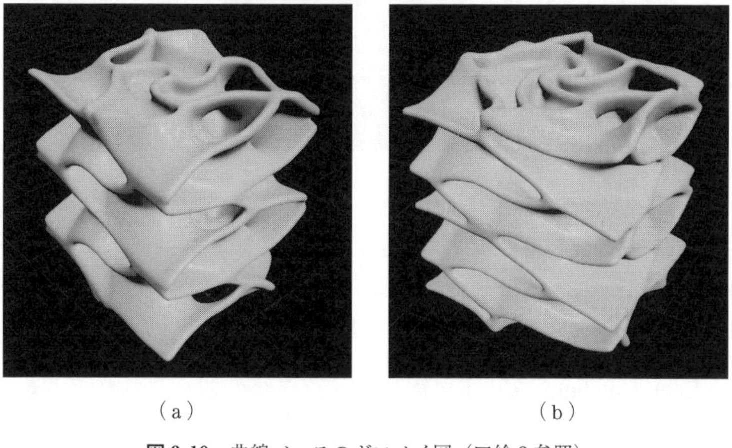

（a）　（b）

図 3.19　曲線ベースのボロノイ図（口絵3参照）
（Houdini での実装例：0303_Curve-based Voronoi.hip）

3.2.3　曲線ベースのボロノイ図の実装手法

Houdiniのボリューム編集機能を利用して，曲線ベースのボロノイの隔壁を作成する。通常ボロノイ分割はPointベースで計算するが，Pointの代わりに曲線を用いることで，規則的に見えながらも非常に複雑なボロノイセル分割を行うことができるようになる。

〔1〕 **ラインをつくる**　　最初に，曲線ベースのボロノイ形状を作成するにあたって必要なカーブを作成する。規則的な形状にするため，基本は複数のスパイラル形状を組み合わせたものをインプットとして用いる。そのために，まずはスパイラルカーブのベースとしてラインを生成する（**図3.20**）。

Lineノードの「Length」と「Points」のパラメータを**図3.21**のように設定する。

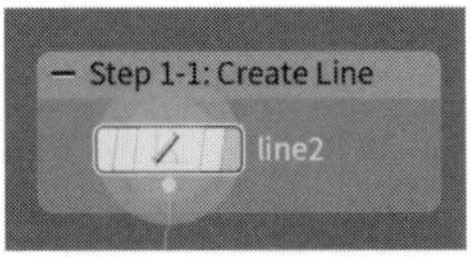

図3.20　ノードの作成

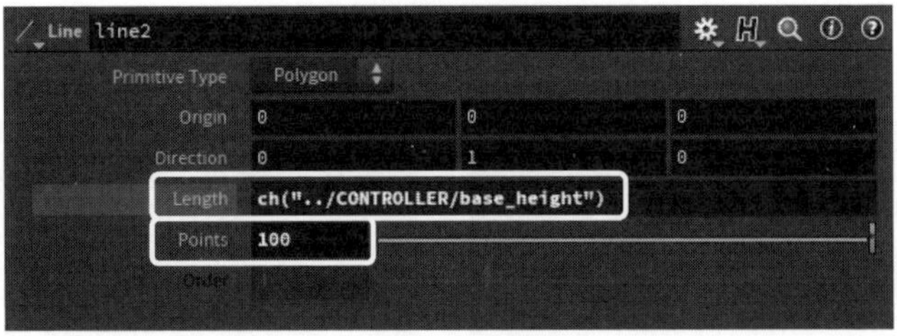

図3.21　パラメータの設定

〔2〕 **カーブの配列用のループのセットアップをする**　　任意の数だけラインを複製して，それぞれ異なるパラメータでスパイラル形状を作成するため，ループを使用する（**図3.22**）。

「For-Each Number」ノードで配置された三つのノードの中で，「foreach_begin」と書かれたBlock Beginノードを，Lineノードと接続する。また「foreach_end」と書かれたBlock EndノードのIterationパラメータは，**図3.23**のようにエクスプレッションを設定し，CONTROLLERからループの数を

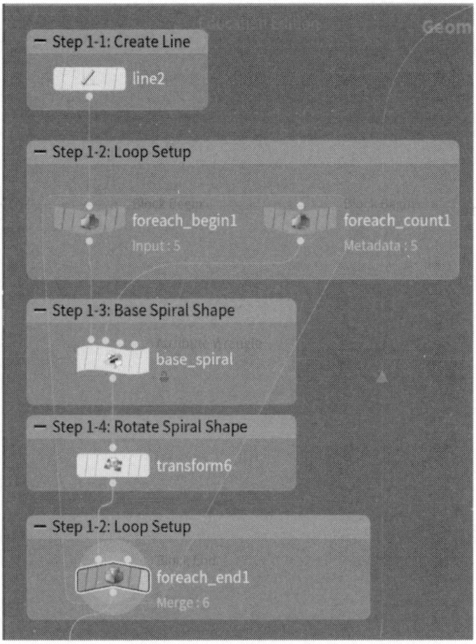

図 3.22　ノードの作成

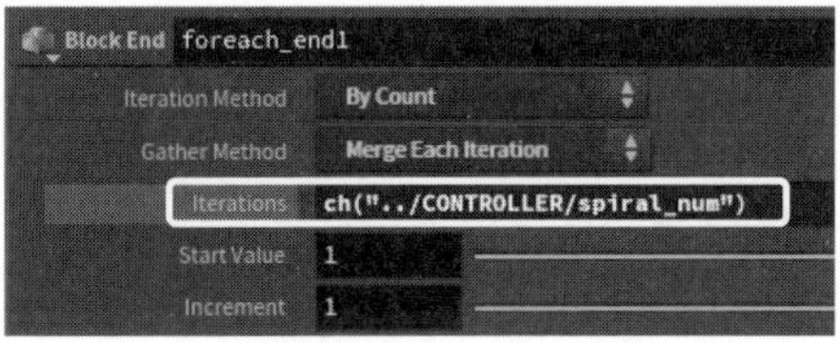

図 3.23　パラメータの設定

制御できるようにする。

〔3〕 **ラインをスパイラル形状にする**　　ループの中で，VEX を用いて 1 個 1 個のラインをスパイラル形状に変形する。「Attribute Wrangle」ノードの「Run Over」パラメータを Points に設定し，一つ目のインプットと「foreach_begin」と書かれた Block Begin ノードに接続する。また，二つ目のインプットを「foreach_count」と書かれた Block Begin ノードと接続する。そして，VEX を以下のように記述する。

```
// パラメータを読み込む
float rad = chf("rad");
// スパイラルカーブの半径を表すパラメータ値を読み込む
float angle = chf("angle");
// スパイラルカーブの巻き角度を表すパラメータ値を読み込む
angle = angle * $PI;
// 角度の値にπを掛けて，ラジアンにする
float angleshift = chf("angle_shift");
// ステップごとのスパイラルカーブの追加角度を表すパラメータ値を読み込む

// 現在のループの番号を二つ目のインプットのディテールアトリビュートから取得する
int iteration = detail(1, "iteration");

// 各ポイントの高さ（Y軸方向の値）に応じて，スパイラル状の曲線にのったポイントの
座標の値をつくる
float x = cos(@P.y * angle + angleshift * $PI * iteration) * rad;
// X座標
float y = sin(@P.y * angle + angleshift * $PI * iteration) * rad;
// Y座標

// ポイントのXとZの値をたったいまつくった変数で更新し，曲線をスパイラル状に変
形する
@P = set(x, @P.y, y);
```

ここでは，毎ループ時の番号（iteration）を取得し，それを利用してスパイラルカーブの開始の角度を変化させている。

〔4〕 **カーブを回転する**　このままだと原点にスパイラルカーブを置いている状態のため，ループで作成したスパイラルカーブがおたがいに重なりすぎてしまい，隔壁を作った際の効果が見えにくい。そこで，それぞれのスパイラルカーブを円状の重ならない位置に配置されるようにする。

「Transform」ノードを作成し，一つ前のステップで作成したAttribute Wrangleノードと接続する。そして，「Transform Order」パラメータを「Trans Rot Scale」に，「Translate」パラメータのX軸と「Rotate」パラメータのY軸の値を以下のように設定する。

Translate(X):

```
ch("../CONTROLLER/spiral_offset")
```

Rotate(Y):

```
360*detail("../foreach_count1/", "iteration", 0) /
ch("../foreach_end1/iteration")
```

重要なのは回転と平行移動の順番で，先にX軸方向に移動してからY軸で回転させることで，円を分割した位置に各スパイラルを配置することができる。これで，ループを抜けて複製されたスパイラルカーブがすべて表示されるようになる（**図3.24**）。

図3.24　スパイラルカーブ

〔5〕 **カーブに情報を付与する**　　作成したスパイラルカーブにidのアトリビュートを格納する（**図3.25**）。これは，あとでボリュームデータをセル分割する際に利用する。

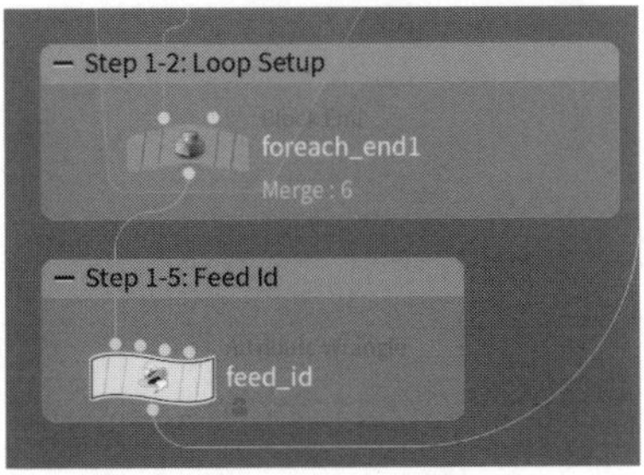

図3.25　ノードの作成

「Attribute Wrangle」ノードを作成し,「Run over」パラメータを「Primitives」に変更する（**図 3.26**）。そして,「foreach-end」と書かれた Block End ノードと接続して以下のようにコードを記述する。

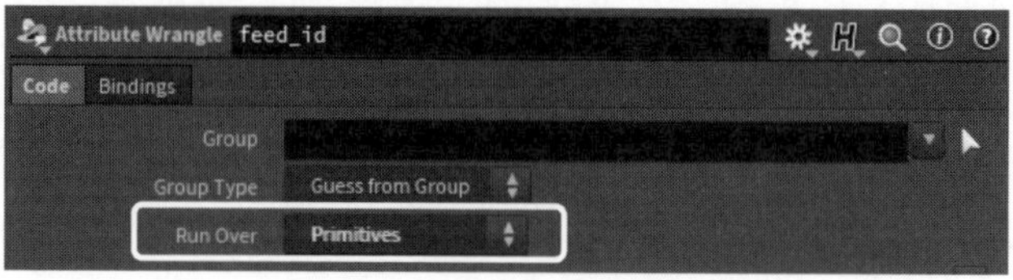

図 3.26　パラメータの設定

```
// 各プリミティブに番号をアトリビュートとして格納する
i@id = @primnum;
```

〔6〕 **ベースのボリュームをつくる**　インプットとなるスパイラルカーブができたら, それを使ってボロノイ分割の計算を行う準備をする。「Null」ノードを作成し,「BASE」と名前を変更して前述の「Attribute Wrangle」ノードと接続する（**図 3.27**）。

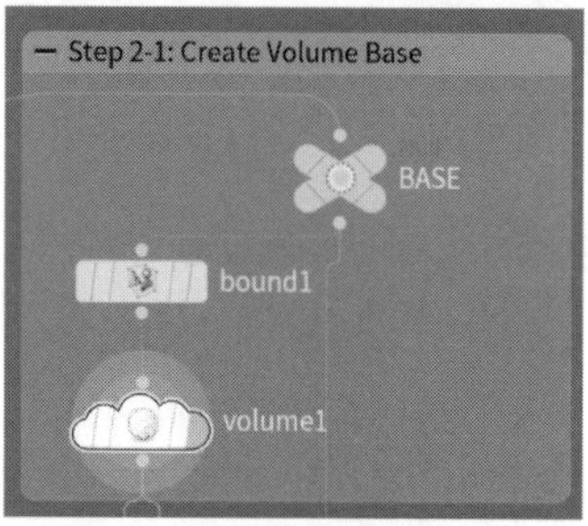

図 3.27　ノードの作成

つぎにボリュームデータの領域を作成するためにスパイラルカーブからバウンダリボックスを作成する。「Bound」ノードを作成し,「BASE」と接続する。これにより, すべてのスパイラルカーブを囲むボックスを作成することができる。そして「Volume」ノードを作成して「Bound」ノードと接続する。パラメータを以下のように設定し, 名前を「density」に変更する（**図 3.28**）。

図 3.28　パラメータの設定

〔7〕 **ボリュームに名前を付ける**　ボリュームデータを作成したら，それをもう一つ複製して名前を変更する。「Merge」ノードを作成し，前述の「Volume」ノードを 2 回接続する。それによりボリュームデータを複製することができる（**図 3.29**）。

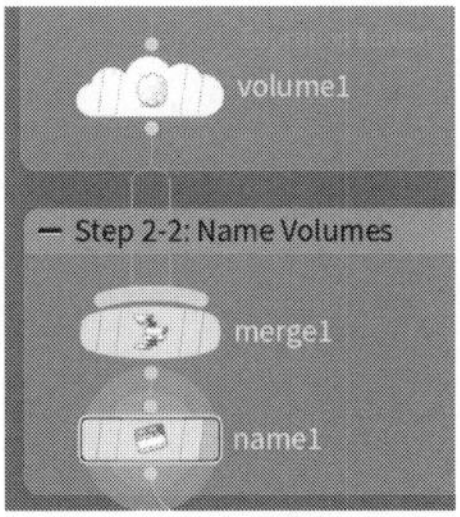

図 3.29　ノードの作成

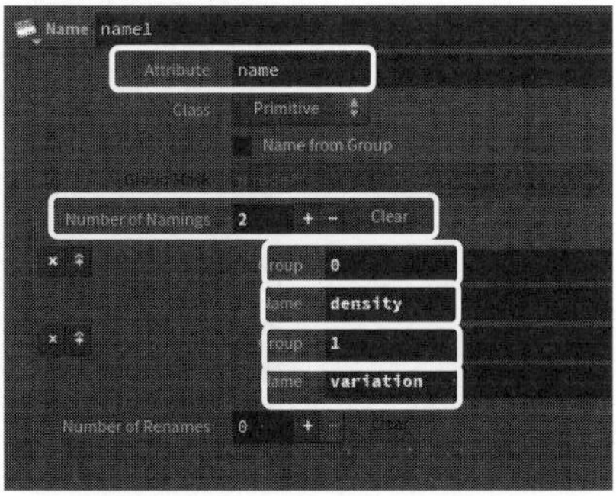

図 3.30　パラメータの設定

「Name」ノードを作成して「Merge」ノードを接続し，**図 3.30** のようにパラメータを設定してボリュームの名前を変更する。

〔8〕 **ボロノイセルの位置を計算する**　ここからは，カーブベースのボロノイ分割計算を行う。まずボリュームのボクセルの位置とカーブの位置を参照してボクセルがどのカーブに属するのかを算出する。そのために，カーブによるセル分割の計算を行い，その情報を「variation」と名前を付けたボリュームに格納する。そして，それを使って「density」という名前のボリュームにカーブベースのボロノイの隔壁の情報（隣り合うセルの境目）を格納する。

まずはセル分割の計算を行う。「Volume Wrangle」ノードを作成し，一つ目のインプットにNameノードを接続し，二つ目のインプットに複数のスパイラルカーブを格納した「BASE」を接続する（**図3.31**）。そして，以下のようにVEXコードを記述する。

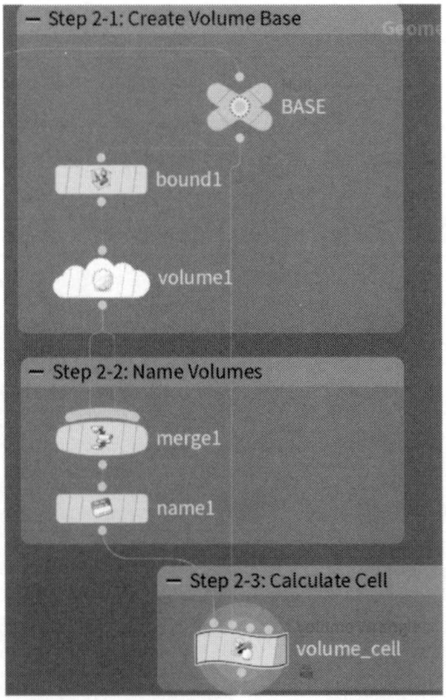

図3.31　ノードの作成

```
// 変数
int variation = 0;       // セルの番号を示す整数の変数をつくる
float minDist = 999999; // 各ボクセルに一番近い曲線までの最短距離を入れるための変数をつくる
```

```
// 曲線ごとにループを回す
for(int i=0; i < nprimitives(1); i++){
    // 各ボクセルの位置から，曲線に最短距離で投影したときの位置を取得する
    vector minpos = minpos(1, "\@id=" + itoa(i), @P);
    // 曲線に投影された位置と，投影元の位置との間の距離を測る
    float dist = distance(@P, minpos);

    // ボリュームのポイントがどのセルに含まれているかを計算する
    if(dist < minDist){ // いま測った距離が，minDist の値よりも小さい場合
        minDist = dist; // minDist の値をより小さい dist の値に更新する
        variation = i;  // 条件を満たしたときの曲線の番号を variation に代入する
    }
}

// 最終的な variation の値を，variation という名前のボリュームのボクセルの値として格
納する
@variation = variation;
```

ここでやっていることは単純で，Volume Wrangle で各ボクセルから見て一番近いスパイラルカーブを探し出し，その id をボリュームの密度の値として variation のボリュームに格納している。これにより，各ボクセルがどのセルに属しているのかを得ることができる（**図 3.32**）。

図 3.32　ボクセルとセルの対応づけ

〔9〕 **ボロノイのセルの区切りの位置を計算する**　　つぎに，各ボクセルに格納されたセルの番号の情報をもとに，隣り合うセル同士の境界を算出する。

「Volume Wrangle」ノードを作成し，一つ目のインプットに前述したVolume Wrangleノードを接続する（**図3.33**，**図3.34**）。

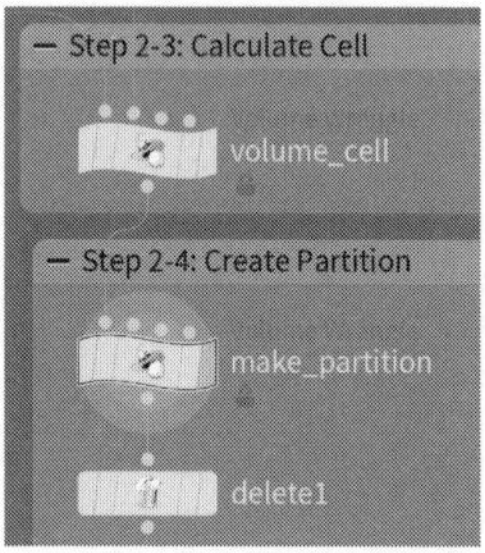

図3.33　ノードの作成

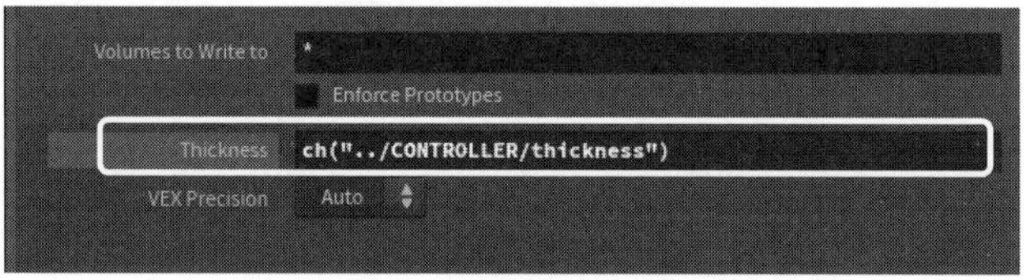

図3.34　パラメータの設定

そしてVEXコードを以下のように記述する。

```
// 隔壁の厚さを表すパラメータ値を読み込む
int res = chi("thickness");
int add = 0; // addという名前のボクセルがセルとセルの間の境界にあるかどうかの
フラグの変数をつくる
for(int i=-res; i<=res; i++){ // X軸用に隔壁の厚さ分ループを回す
    for(int n=-res; n<=res; n++){ // Y軸用に隔壁の厚さ分ループを回す
        for(int t=-res; t<=res; t++){ // Z軸用に隔壁の厚さ分ループを回す
            //iもnもtも0じゃない場合
            if( i != 0 || n != 0 || t != 0){
                // ボリュームの近傍のポイントのセルの番号をiから取得する。その際，
                // ボクセルの境界を超えないようにminとmax関数でクランプする
                int ix = min(max(@ix + i, 0), @resx-1); // X軸
                int iy = min(max(@iy + n, 0), @resy-1); // Y軸
                int iz = min(max(@iz + t, 0), @resz-1); // Z軸
                // つくったXYZの番号からその位置にあるボリュームの値を取得し，
```

```
                // neighbourval 変数に代入する。この値は，壁の厚さ内にある
                // 近くのボクセルが属しているセルの番号を示している
                float neighbourval = volumeindex(0, 1, set(ix, iy, iz));
                // つぎに，ボリュームのポイントの位置に格納されたセルの番号と，
                // 近傍のボリュームのポイントの位置に格納されたセルの番号が違っているときに
                // ポイントが境界にあるというフラグをセットする
                // ボクセルの値とその近くにあるボクセルの値が異なる
                // （それぞれのボクセルが異なるセルに属している）場合
                if(@variation != neighbourval){
                    add += 1; // フラグの値を1繰り上げる }
            }
        }
    }
}
// ボクセルが境界にあるかどうかのフラグの値が0より大き場合
if(add > 0){
    @density = 1; // ボクセルの密度（density）の値を1にする
}else{
    @density = 0; // ボクセルの密度（density）の値を0にする
}
```

1行目で，chf関数で定義している変数を，メインパラメータとエクスプレッションでリンクする。

ボクセルがセルとセルの間の境界にあるかどうかを探っていく。境界にあると判断したらボリュームに密度を与え，境界にない場合は密度を0にすることで，ボロノイの隔壁を作成する。

カーブベースのボロノイの隔壁のボリュームを作成したら，セルの番号が格納されたvariationのボリュームは必要ないので，削除する。「Delete」ノードを接続し（**図3.35**），「Group」パラメータに「@name=density」を記述する。また，「Operation」パラメータは「Delete Non-Selected」に設定する（**図3.36**）。

これによって，**図3.37**のようなボクセル図が表示される。

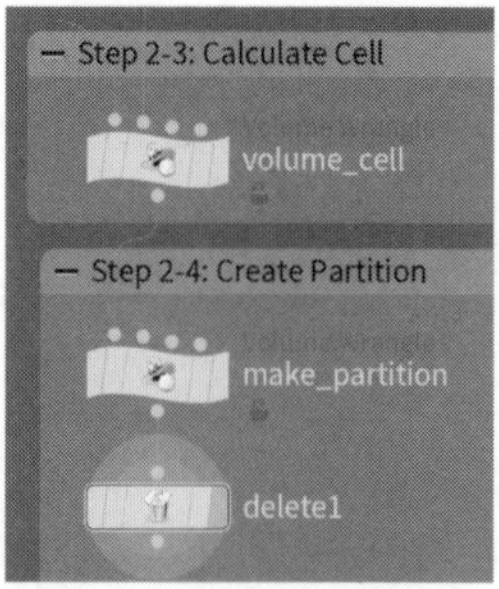

図 3.35　ノードの作成

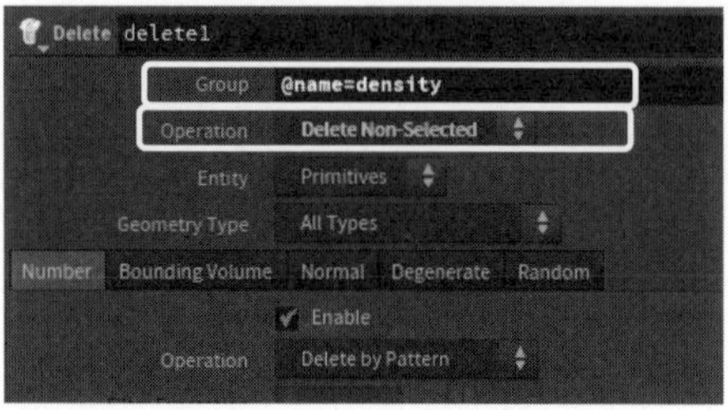

図 3.36　パラメータの設定

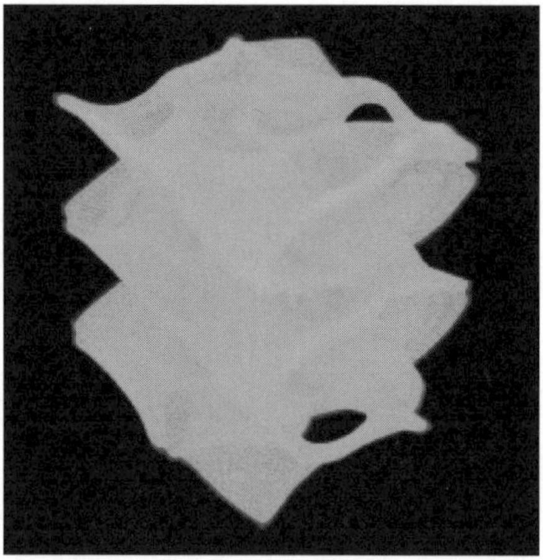

図 3.37　不要なボリュームを削除したボクセル図

〔10〕 **ボリュームをVDBに変換する** ボリュームを可視化する。ボリュームデータの状態では輪郭を把握することが困難なため，最終的にポリゴンに変化する。

「Bound」ノードを作成して「Delete」ノードと接続する（**図3.38**）。

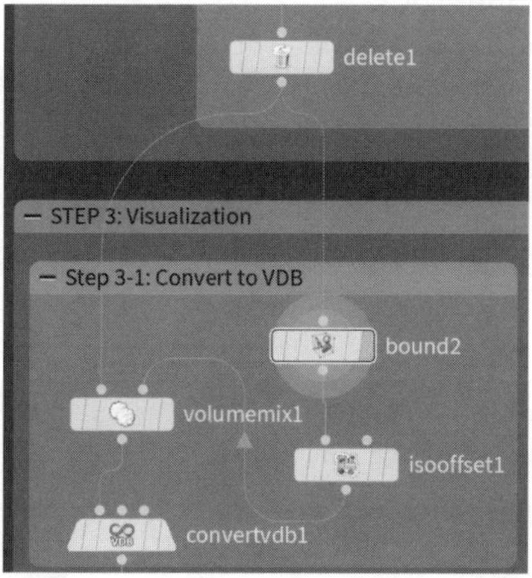

図3.38 ノードの作成

「IsoOffset」ノードを図3.38のように「Bound」ノードと接続し，ボックスをボリュームに変換する。このとき，「IsoOffset」ノードの「Uniform Sampling Divs」は高めに設定しておく（**図3.39**）。

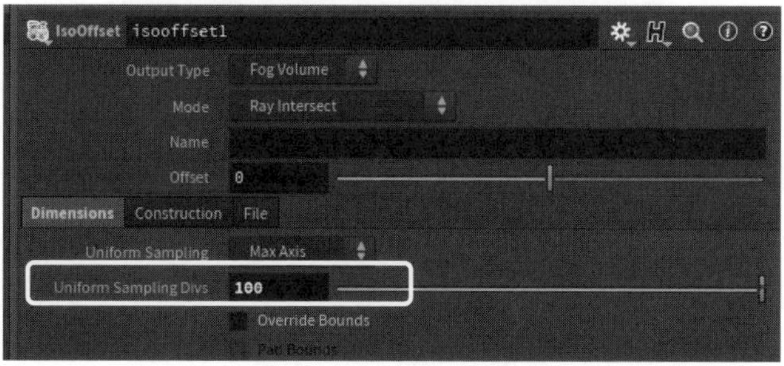

図3.39 パラメータの設定

「Volume Mix」ノードを作成し，一つ目のインプットに「Delete」ノードを接続し，二つ目のインプットに「IsoOffset」ノードと接続する。また，「Mix Method」パラメータを「Minimum」に設定することで，ボリュームをトリミングすることが可能となる（**図 3.40**）。

これによって，**図 3.41** のようなボクセル図が表示される。

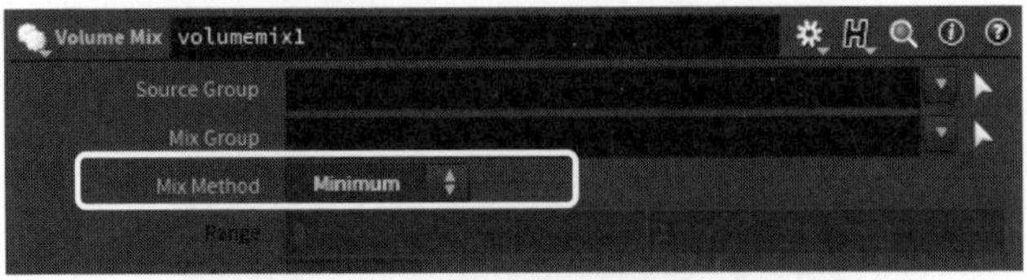

図 3.40　パラメータの設定

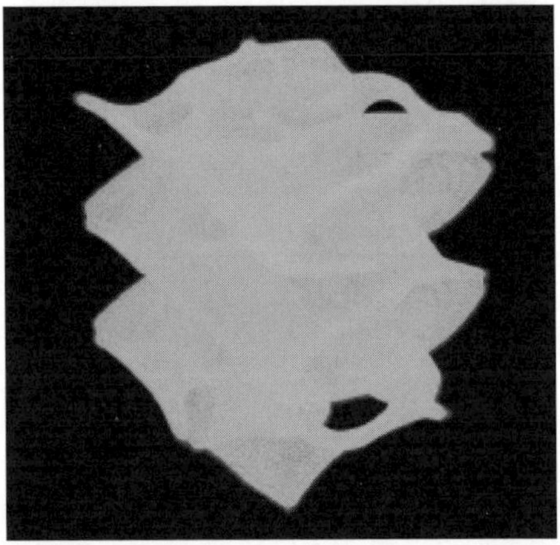

図 3.41　ボリュームをトリミングしたボクセル図

「Convert VDB」ノードを作成し，「Volume Mix」ノードを接続し，SDF に変換する。パラメータは「Convert To」を「VDB」に，「VDB Class」は「Convert Fog to SDF」に設定する（**図 3.42**）。

この段階では，ボリュームの値が 1 か 0 しかないため，ボコボコして見える。そこで最後のステップでは，SDF に変換したボリュームを滑らかにしてからポリゴン化している（**図 3.43**）。

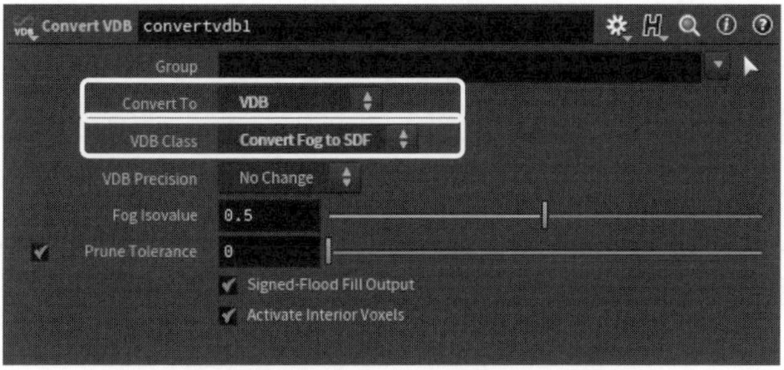

図 3.42　パラメータの設定

図 3.43　ポリゴン化したボクセル図

演　習　問　題

〔3.1〕　縮尺を変えても全体と部分の形状が相似の関係にあることをなんと言うか答えよ。

〔3.2〕　フラクタル図形の一つであり，空間充填曲線である「ヒルベルト曲線」に関してアルゴリズムを調べ，Houdini を用いて 3 次元空間で実装せよ。

4章 流体シミュレーション

◆本章のテーマ

水に代表される液体と，空気に代表される気体を合わせて流体（fluid）と言う。流体はCGにおいて重要な表現対象の一つであり，コップに注ぐ水から川の流れ，煙，炎，爆発などさまざまな現象に関わっている。

流体の振舞いは工学分野において流体力学（fluid dynamics）という学問で取り扱われている。そして，それをコンピュータで計算するのが数値流体力学（computational fluid dynamics：CFD）である。

本章では，流体力学で流体がどのように扱われているかを説明した後，流体の支配方程式であるナビエ・ストークス方程式を中心にCGへの応用方法について述べる。

◆本章の構成（キーワード）

4.1 流体の基礎
　密度と圧力，粘性，圧縮性と非圧縮性，連続の式

4.2 流体の支配方程式
　ナビエ・ストークス方程式，オイラー法，ラグランジュ法

4.3 格子法
　有限差分法，スタガード格子，レベルセット法，メッシュベース移流法

4.4 粒子法
　SPH法，kernel関数，近傍粒子探索

4.5 FLIP法
　ディレクレ境界条件，ノイマン境界条件，PIC法

4.6 雪崩による雪煙のビジュアルシミュレーション
　ボリュームレンダリング

◆本章を学ぶと以下の内容をマスターできます

☞ 流体シミュレーションに必要な物理量
☞ 流体の支配方程式であるナビエ・ストークス方程式
☞ ナビエ・ストークス方程式を数値計算するための二つの代表的なアプローチ
☞ 格子法と粒子法の長所を併せもつFLIP法

4.1 流 体 の 基 礎

物質の状態は，**気体**（gas），**液体**（liquid），**固体**（solid）の三状態に分類される。流体力学では，気体と液体を総称して流体として扱う。

流体は固体と異なり，形状をもつ一つの塊として扱うことはできない。ミクロな観点から見ると流体は分子・原子で構成されているが，これらの運動を個々に調べるのは現実的ではない。流体力学ではもう少しマクロな観点で見てやり，流体はある程度微小な流体の塊が多数集まることで構成される連続体であるとする。数値流体力学では，この流体塊をグリッドやパーティクルを使って離散化し，コンピュータで計算する。

流体塊を扱ううえで，流体特有のいくつかの物理量について定義する必要がある。以下に代表的なものを説明する。

4.1.1 密 度 と 圧 力

固体では物体の重さを質量を使って表すが，流体ではその体積が場合によって大きく変化するため，単位体積あたりの質量である**密度**（density）を用いる。密度は記号 ρ〔kg/m^3〕を使って表される。温度や気圧によっても変化するが，空気の密度は約 $1.2\,kg/m^3$，水の密度は約 $1\,000\,kg/m^3$ である。

2.2 節において，微小体積に掛かる力として引張応力，圧縮応力，せん断応力というのがあると説明したが，流体に働く引張応力，圧縮応力は一般的に**圧力**（pressure）と呼ばれる。流体が静止している場合には圧力のみ働き，せん断応力は存在しない。圧力には方向性はなくあらゆる方向に等しく力が働く。圧力は記号 p〔N/m^2〕で表されるスカラー量である。

理想気体の状態方程式から，密度と圧力の関係は

$$p = \rho RT \tag{4.1}$$

となる。ここで R はガス定数〔$J/(kg\cdot K)$〕，T は温度〔K〕である。

4.1.2　粘　　　性

流体はその形状を完全に保たないわけではなく，ある程度の抵抗力をもつ。例えば，クリームも流体であるが，ケーキにクリームを塗ったらその形状を保つことができる。また，プールの中で泳ぐ場合を考えると，同じ動作でも空気中と違って大きな抵抗を感じる。これらの流体の性質は**粘性**（viscosity）と呼ばれる。流体塊同士で速度の違いがあった場合，粘性は流体の速度ベクトルに対して垂直方向に変化するような力を働かせる（速度ベクトルに平行な面にせん断応力が働く）。粘性をもつ流体を**粘性流体**（viscous fluid），粘性を無視できるような流体を**非粘性流体**（inviscous fluid）と呼ぶ。非粘性流体の場合は圧力のみが働き，せん断応力は働かないと考えることができる。

図 4.1 のように壁面に平行な方向に流体が流れている状況を考える。壁面付近の流体は摩擦により速度が 0 になるとする。粘性がないならば，壁面直近の流体塊以外は速度 v で移動するが，粘性があるため壁面に引っ張られて全体的に速度が変化する。

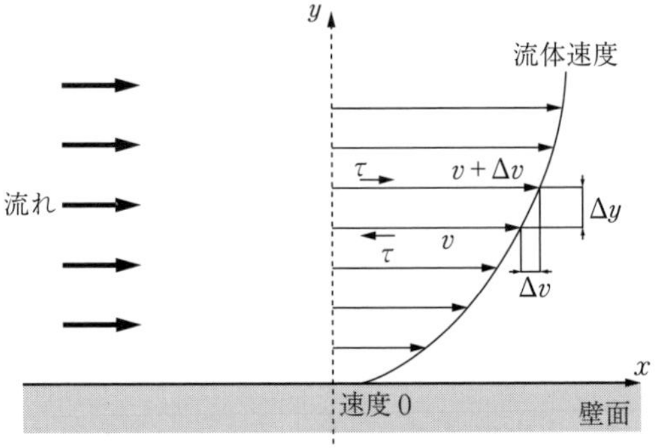

図 4.1　粘　　性

このとき，図 4.1 のように速度 v に平行な面に働くせん断応力は，ニュートンの粘性法則より

$$\tau = \lim_{\Delta y \to 0} \mu \frac{\Delta v}{\Delta y} = \mu \frac{\partial v}{\partial y} \tag{4.2}$$

となる。ここで μ は粘性係数（単位は $\mathrm{N/m^2 \cdot s}$）と呼ばれ，この値が大きいと粘性が高い，つまり，より粘っこい流体になる。式(4.2)に従う流体をニュートン流体と呼ぶ。水や空気などほとんどの流体は，ニュートン流体と考えてよい。また，粘性係数を密度で割ったもの

$$\nu = \frac{\mu}{\rho} \tag{4.3}$$

を動粘性係数（単位は $\mathrm{m^2/s}$）と呼び，これも流体の粘性を表すのに用いられる。

4.1.3　圧縮性と非圧縮性

流体の見た目に大きく影響する性質として，圧縮性と非圧縮性がある。ある流体に力を加えると，その体積は小さくなる。質量は変わらないので，密度が高まることになる。密度が変化する流体の性質を**圧縮性**（compressibility）と呼ぶ。一方，力を加えてもほとんど密度が変化しない場合，**非圧縮性**（incompressibility），または体積保存性と呼ばれる。流体は基本的には圧縮性であるが，水や音速未満の空気などは非圧縮性であると言ってもよい。

流体はその形を自由に変えるため分離や結合が容易に起こりうるが，もし体積保存性が満足するならば全体の体積はシミュレーションの始まりから終わりまで変化しない（流入，流出がない）。そのため，体積保存性を考慮するかどうかはシミュレーション結果の見た目に大きな影響を与える。

非圧縮性/圧縮性を表す式に**連続の式**（equation of continuity）がある。連続の式は流体力学における基本の式で「流体が突然発生したり，消滅したりしない」ということを前提としている。流体が発生したり消滅したりしないのを示すには，流体を非常に小さい要素に分割して，その要素内に出入りする流体の量に過不足がないという方程式を立てればよい。

図 4.2 のような微小体積 $V = \mathrm{d}x\mathrm{d}y\mathrm{d}z$ が流体中にあり，V への流体が x，y，z 面を介して流入，流出することを考えてみる。例えば，x 軸に垂直な面に関して，流入時の速度を $v_x(x)$ とすると単位時間あたりの流入質量（流量）は

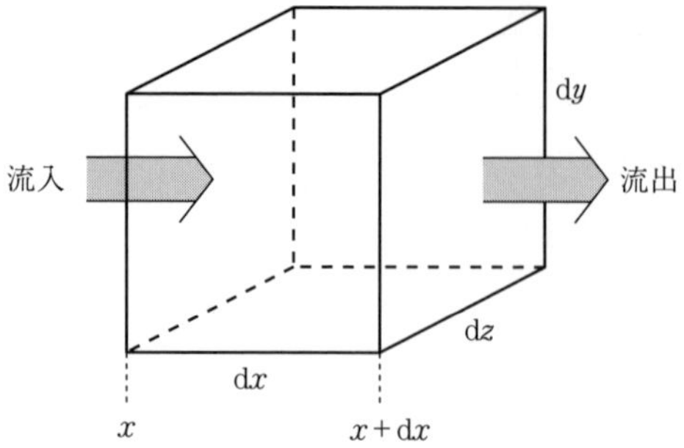

図 4.2　微小体積への流入と流出流量

$$\rho v_x(x)\,\mathrm{d}y\mathrm{d}z \tag{4.4}$$

となる。流出時の速度 $v_x(x+\mathrm{d}x)$ とすると，同様に流量を求めると

$$\rho\left\{v_x(x)+\frac{\partial v_x(x)}{\partial x}\mathrm{d}x\right\}\mathrm{d}y\,\mathrm{d}z \tag{4.5}$$

式(4.4)と(4.5)の差を取れば，微小体積あたりの質量変化 Δm がわかる。x 面だけでなく y，z 面についても考えると

$$\Delta m=-\rho\left(\frac{\partial v_x}{\partial x}+\frac{\partial v_y}{\partial y}+\frac{\partial v_z}{\partial z}\right)\mathrm{d}x\mathrm{d}y\mathrm{d}z=-\rho\nabla\cdot v\,\mathrm{d}x\mathrm{d}y\mathrm{d}z \tag{4.6}$$

となり，Δm は密度の時間変化 $\partial\rho/\partial t$ からも

$$\Delta m=\frac{\partial\rho}{\partial t}\mathrm{d}x\mathrm{d}y\mathrm{d}z \tag{4.7}$$

と求められる。

式(4.6)と(4.7)が等しくなるので

$$\frac{\partial\rho}{\partial t}+\rho\nabla\cdot v=0 \tag{4.8}$$

となる。これが連続の式である。特に流体が非圧縮性であるならば，$\partial\rho/\partial t=0$ になるため

$$\nabla\cdot v=0$$

というシンプルな式になる。

4.2 流体の支配方程式

どのようなシミュレーションであっても，対象となる現象をシミュレーションするためには必ずその現象を支配している方程式（支配方程式）が必要となる。流体シミュレーションにおける支配方程式は，**ナビエ・ストークス方程式**（Navier–Stokes equations）である（1.3 節参照）。

ナビエ・ストークス方程式は，質量保存式と運動量保存式で構成される。非圧縮性の粘性流体に関するナビエ・ストークス方程式は，以下のようになる。

$$\nabla \cdot \mathbf{u} = 0 \tag{4.9}$$

$$\frac{\partial \mathbf{u}}{\partial t} + (\mathbf{u} \cdot \nabla)\mathbf{u} = -\frac{1}{\rho}\nabla p + \nu \nabla^2 \mathbf{u} + \mathbf{F}_{\mathrm{ext}} \tag{4.10}$$

ここで，$\mathbf{u}$ は流れの速度場，ν は動粘性係数，ρ は流体の密度，p は圧力，$\mathbf{F}_{\mathrm{ext}}$ は重力などの外力である。

式(4.9)は前節で述べた非圧縮性流体の質量保存式である。式(4.10)は運動量保存を表していて，左辺第 2 項は移流項，右辺は圧力項，粘性項，外力項である。

4.2.1 移　流　項

移流項（advection term）は流体が自身の速度に従って動くことを示す。移流項は非線形項であり解を得るには微分の離散化が必要となるが，振動を起こさず，かつ正確な解を得るというのはとても難しい。一方で，速度をもつ流体塊を移動させるという方法でも解くことができることから，4.4 節で述べる粒子法では粒子自身が流体の物理量をもって移動するため移流項は無視できる。

4.2.2 圧　力　項

天気図で高気圧から低気圧に向かって風が吹くというのは，一般的に知られているであろう。このように流体は圧力が高いところから低いところに向かって流れ，最終的に圧力を均一化しようとする。この現象を表しているのが**圧力**

項（pressure term）である。

圧力項は非圧縮性に密接に関連している。なぜならば，非圧縮性流体は密度が一定となり，理想気体の状態方程式（式(4.1)）より密度変化は圧力変化を生み出す。逆に圧力を均一にするように速度場 $\mathbf{u}$ を変更すれば，密度が一定となり非圧縮性が満たされる。そのための方程式を導出してみよう。

式(4.10)で速度の時間微分を**前進オイラー法**（forward Euler method）で差分化する。なお，n，$n+1$ は時間ステップを示す。

$$\frac{\mathbf{u}^{n+1}-\mathbf{u}^{n}}{\Delta t}=-\frac{1}{\rho}\nabla p+f(\mathbf{u}^{n}) \tag{4.11}$$

圧力項以外は $f(\mathbf{u}^n)$ としてまとめてある。両辺の発散をとると

$$\frac{\nabla\cdot\mathbf{u}^{n+1}-\nabla\cdot\mathbf{u}^{n}}{\Delta t}=-\frac{1}{\rho}\nabla^2 p+\nabla\cdot f(\mathbf{u}^{n})$$

ここでは密度は空間変化しないとしてある。連続の式が $n+1$ ステップで満たされるとすると，$\nabla\cdot\mathbf{u}^{n+1}=0$ となる。そして，圧力項以外は働かないとする $(f(\mathbf{u}^n)=0)$ と

$$\nabla^2 p=\frac{\rho}{\Delta t}\nabla\cdot\mathbf{u}^{n} \tag{4.12}$$

となる。

この式は圧力の**ポアソン方程式**（Poisson's equation）と呼ばれ，現在の速度場 v^n から非圧縮性を満たすための圧力 p を算出することができる。$\nabla^2 p$ を空間差分で離散化し，その結果得られる線形連立方程式を解くことで圧力 p が得られる。

4.2.3 粘　性　項

粘性項は，粘性による速度の拡散（数値拡散）を表現する項である。粘性により速度に対して垂直な方向に変化する力を周囲の流体に与える。これはちょうど，周囲の流体塊に速度を拡散している形になり，いわゆる**流体摩擦力**（fluid friction）を表現している。

粘性項は拡散方程式

$$\frac{\partial \phi}{\partial t} = a\nabla^2 \phi \tag{4.13}$$

に基づいている。

図 4.3 で拡散方程式の意味を説明する。1 次元的に領域が並んでいて，ある領域の物理量 ϕ（例えば温度や湿度）が時間とともに周囲の領域にある確率で移動するということを表しているのが拡散方程式である。

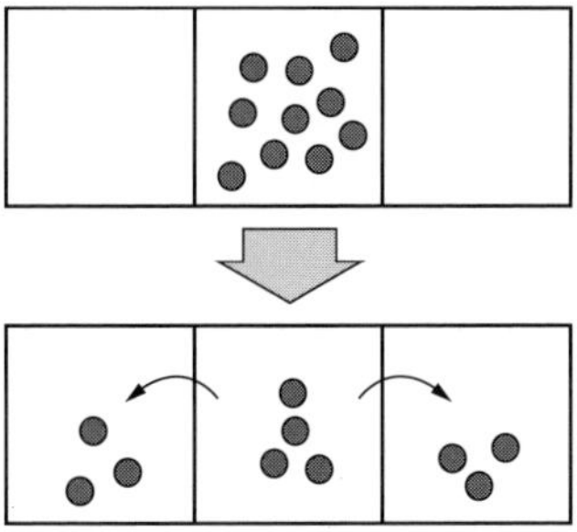

図 4.3　物理量の拡散（イメージ図）

周囲の領域に Δt 後に ϕ が確率 c で移動するとすると

$$\phi(x, t+\Delta t) = (1-2\mathrm{c})\,\phi(x, t) + c(\phi(x+\Delta x, t) + \phi(x-\Delta x, t))$$

となり，この式の両辺をテイラー展開して整理すると以下のようになる。

$$\frac{\partial \phi}{\partial t} = \frac{c\Delta x^2}{\Delta t}\frac{\partial^2 p}{\partial x^2}$$

ここで

$$a = \frac{c\Delta x^2}{\Delta t}$$

とすると，拡散方程式(4.13)の 1 次元版となることがわかる。

拡散項は熱が周囲に伝わること（熱拡散）にも使われ，その場合は ϕ を温度 T として考えればよい。ナビエ・ストークス方程式では ϕ を速度 v とすることで粘性拡散を表している。

4.2.4 外　力　項

外力項は流体の外部から加わる力であり，任意の値である。最も代表的な外力は重力である。地球上の物体には重力が働き，ほかの力が働いていなければ鉛直下方向に重力加速度 $g \fallingdotseq 9.8\,\mathrm{m/s^2}$ で加速し続ける。式(4.10)は $\partial\mathbf{u}/\partial t$ に関する式なので，鉛直上方向への単位ベクトル $\mathbf{y}=(0,1,0)$ を用いて

$$\mathbf{F}_{\mathrm{ext}} = -g\mathbf{y}$$

とすると重力を考慮できる。

4.2.5 流体支配方程式の解法

ナビエ・ストークス方程式をコンピュータ上で解く際には，離散化が必要となる。密度や圧力，速度などの物理量の離散化と方程式の離散化があるが，方程式に関してはさまざまな差分法を用いればよい。物理量に関しても多くのアプローチがあるが，**オイラー的アプローチ**と**ラグランジュ的アプローチ**の二つに大別される。

例えば，川の流れがどのようになっているのかを観察する場合を考えてみよう。水は透明なので，見た目だけでは流れを把握しづらい。そこで，軽い紐を付けた棒を何か所か刺してみよう。紐がなびく方向で流れが確認できる。**図 4.4**(a)に示したように，固定した点での速度により全体の流れを観察すると

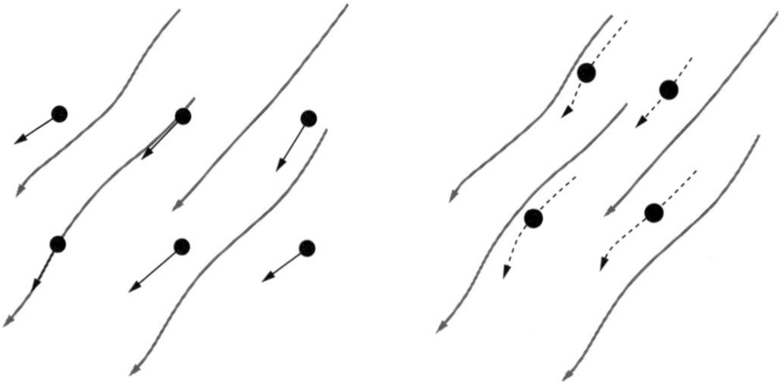

(a)　オイラー的アプローチ　　　　(b)　ラグランジュ的アプローチ

図 4.4　オイラー的アプローチとラグランジュ的アプローチ

いうアプローチとなる。これはオイラー的アプローチと呼ばれ，格子状に計算点を配置する方法が一般的である。

別の方法で川の流れを把握することを考えてみる。つぎは水に浮くピンポン玉をたくさんもってきて，上流からそれを流す。ピンポン玉は水の流れに沿って動くので，玉の動きをトレースすれば流れを観察できる。図(b)のように，流れに沿って観測点が移動するこの方法は，ラグランジュ的アプローチと呼ばれ，代表的な手法に粒子法がある（4.4節参照)。

4.3 格　子　法

オイラー的アプローチの代表的なものが**格子法**（grid method）である。格子法では，シミュレーションしたい物質を含む空間を格子状に分割し，各格子点，格子領域を使って物理量を離散化する。そして，支配方程式を差分化し，数値計算で解く。支配方程式の差分化方法には**有限差分法**（finite difference method：FDM)，**有限体積法**（finite volume method：FVM）などがあるが，ここでは最も単純な有限差分法について説明する。

4.3.1 グリッド分割

連続的な空間内に離散的に物理量を配置するため，格子（グリッド）を使って分割する。例として，**図 4.5**(a)のような2次元格子を考えてみよう。2次元の場合は分割された一つひとつの領域は四角形になる。それが表のように整

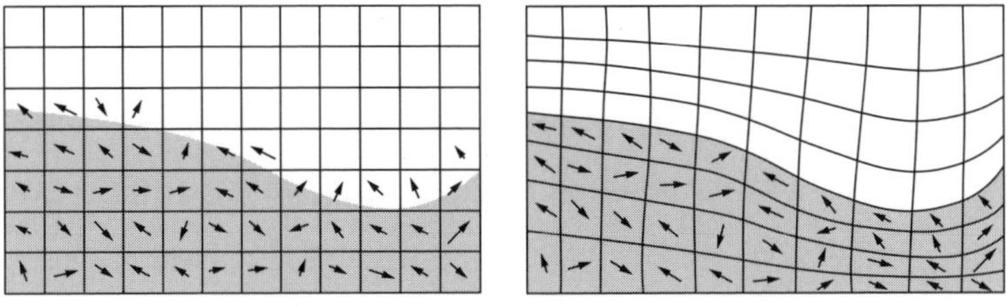

（a） 構造格子　　（b） 非構造格子

図 4.5　格子分割

列して並んでいるため，それぞれの領域を x 軸方向の番号 i と y 軸方向の番号 j を使って，(i, j) とナンバリングすることができる。

このように，2 次元，3 次元の配列として格子を定義できるようなものを**構造格子**（**データ**）と言う。一方，図(b)のような格子を**非構造格子**（**データ**）と呼ぶ。非構造格子は複雑な形状をもつ固体がシーン中にあった場合に，その形状に合わせてメッシュを作成できるので，固体とのより正確なインタラクションを処理することができる。しかしながら，固体が動く場合は計算の毎ステップで新しいメッシュを生成する必要があるため，計算負荷が増大するという欠点もある。

構造格子の場合，格子の隣接関係がわかりやすいという特徴がある。隣接する格子がどれであるかというのは，支配方程式を差分化する際に必要となる情報である。

非構造格子の場合は直接隣接格子を定義できない。そのため，すべての格子を辺と頂点に分解する必要がある。また，辺が属する格子と辺に属する 2 頂点，頂点が属する格子と頂点が属する辺の情報を最初に生成しておく。その後，格子に属する辺と頂点から隣接格子を探索していく。

4.3.2　スタガード格子

物理量 ϕ は各格子に割り当てられるが，有限差分法で計算する際には格子内のどこの物理量なのかを決めておく必要がある。最もわかりやすいのは格子の中心であろう。密度，圧力，温度，速度すべて格子中心点に定義する。

しかしながら，この手法は数値流体分野ではあまり使われない。なぜならば，空間差分では周囲のグリッド値を用いるが，例えば中心差分では左右のグリッドの値を使い，自分自身のグリッドの値は使わない。このため，本来現実の現象では表れない縞状の**アーティファクト**（artifact）が現れることがある。支配方程式の計算では，密度や圧力の差分を使って速度を更新するので，これらをずらして定義することでアーティファクトを防ぐ。すなわち，計算の時間ステップに対して誤差の成長割合を小さくすることを可能とする。**図 4.6** に示

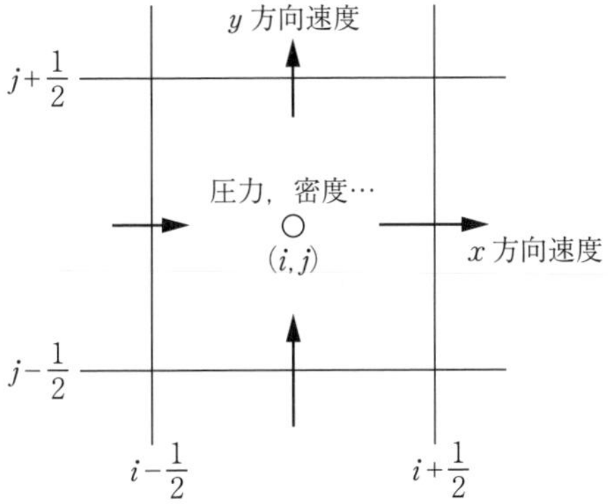

図 4.6　スタガード格子

したように，速度ベクトルを格子境界上に定義し，その他のスカラー値（密度，圧力，温度など）は格子中心に定義する。このような格子を**スタガード格子**（Staggered grid）と言う。

なお，上記で圧力をスカラー値として扱っている。単位面積あたりに働く力（圧力）はそもそもテンソル（2.2 節参照）であるが，気体液体のように等方的な場合には単位テンソル成分しかないのでスカラーと考えてよい。

4.3.3　支配方程式の差分化

流体シミュレーションでは，支配方程式として式(4.9)，(4.10)のナビエ・ストークス方程式を用いる。式(4.9)の連続の式については，圧力のポアソン方程式により式(4.10)の圧力項として考慮されるので，実質的には式(4.10)の運動量保存式をどう差分化するかという問題になる。式(4.10)の移流項を右辺に移動すると

$$\frac{\partial \mathbf{u}}{\partial t} = -(\mathbf{u}\cdot\nabla)\mathbf{u} - \frac{1}{\rho}\nabla p + \nu\nabla^2\mathbf{u} + \mathbf{F}_{\text{ext}}$$

右辺をすべてまとめて $f(\mathbf{u}, p)$ とし，左辺の時間微分を前進オイラーで差分化してみる。

$$\frac{\mathbf{u}^{n+1}-\mathbf{u}^{n}}{\Delta t}=f(\mathbf{u},p) \tag{4.14}$$

ある時刻 t での速度場 $\mathbf{u}^n$ から，つぎの時刻 $t+\Delta t$ における速度場 $\mathbf{u}^{n+1}$ を求めるのが目的である。式(4.14)で $f(\mathbf{u},p)$ がわかっているならばそのまま $\mathbf{u}^{n+1}$ を計算できるが，問題なのは $f(\mathbf{u},p)$ は複数の項で構成され，これらを一度に適用すると計算がとても不安定になってしまうということである。

そこで，右辺の各項を段階的に $\mathbf{u}$ に適応していく方法をとる。**図 4.7** にその概略を示す。

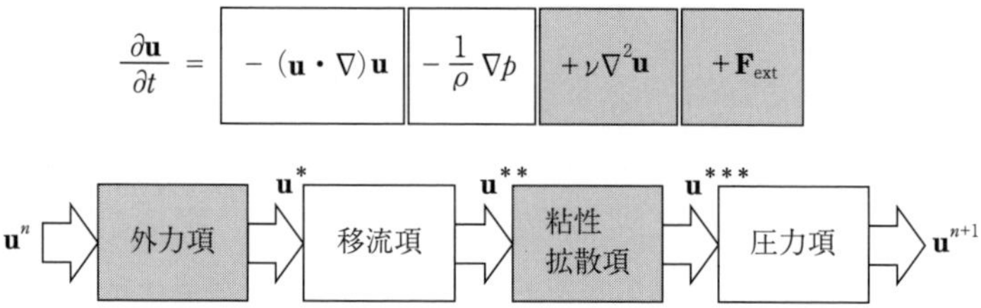

図 4.7　ナビエ・ストークス方程式の解法の流れ

最初に左辺に外力項だけがあるとして，$\mathbf{u}^n$ から中間速度場 $\mathbf{u}^*$ を求める。

$$\frac{\mathbf{u}^{*}-\mathbf{u}^{n}}{\Delta t}=\mathbf{F}_{\mathrm{ext}} \tag{4.15}$$

この状態では外力が掛かった部分だけが移動してしまうという流体らしくない運動をしてしまうため，ほかの項を追加していく。まずは移流項を追加する。

$$\frac{\mathbf{u}^{**}-\mathbf{u}^{*}}{\Delta t}=-(\mathbf{u}^{n}\cdot\nabla)\mathbf{u}^{n} \tag{4.16}$$

$\mathbf{u}^{**}$ もまた中間速度場である。もしも移流項の差分化に安定した方法を使ったならば，少なくとも $\mathbf{u}^{**}$ は確実に計算できる。つぎに拡散項（粘性項）の効果を追加する。

$$\frac{\mathbf{u}^{***}-\mathbf{u}^{**}}{\Delta t}=\mathbf{u}^{n}\nabla^{2}\mathbf{u}^{**} \tag{4.17}$$

最後に圧力項を使って非圧縮性を保つように速度場を修正する。そのための圧力場が必要なので，圧力のポアソン方程式(4.12)を差分化して線形システムとして解く。

$$\nabla^2 p^{n+1} = \frac{\rho}{\Delta t} \nabla \cdot \mathbf{u}^{***} \tag{4.18}$$

最終的な速度場 $\mathbf{u}^{n+1}$ は $\mathbf{u}^{***}$ に圧力による修正を加えて

$$\frac{\mathbf{u}^{n+1} - \mathbf{u}^{***}}{\Delta t} = -\frac{1}{\rho} \nabla p \tag{4.19}$$

で得られる。このように分けて計算すると，各項の計算に安定した方法を使っているならば，全体として安定して発散することなく計算できるようになる。

例えば，移流項の計算には**セミラグランジュ**（semi-Lagrangian）**法**が有名である[1)]。セミラグランジュ法では，計算点 x から $-\mathbf{u}$ 方向に Δt だけバックトレースして，その位置での物理量をつぎのステップの物理量とする方法である。

4.3.4　液体表面追跡

ここまでの話は，すべて流体の速度場を求めるためのものであった。しかしながら，本書の目的は物理シミュレーションを CG に使いたいということなので，速度場を見える形にしなければならない。

流体は液体と気体に分類され，それぞれ表現方法が異なる。液体は明確な境界（液体表面）をもち，その形状をわれわれは認識している。一方気体はほと

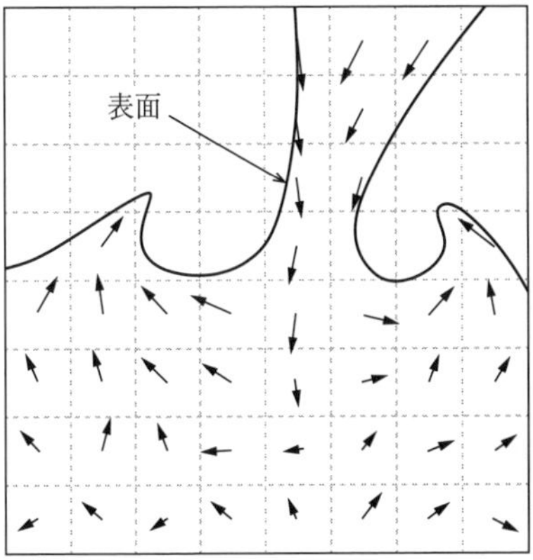

図 4.8　液体表面追跡

んどの場合透明で，風などにより速度を感じることはできるが，目に見える形になるのは風に揺れる木々や舞い散る葉っぱ，煙や炎といったものである。ここでは，明確な境界をもつ液体を考えてみよう。

図 4.8 のように格子点での速度がすでにわかっていて，それによって液体が移動し，表面形状が変化するとき，この変化をどう捉えるか？ というのが問題である。ここで，式(4.20)で与えられる移流方程式を考える。

$$\frac{\partial \phi}{\partial t} + \mathbf{u} \cdot \nabla \phi = 0 \tag{4.20}$$

これは言い換えれば，なんらかの物理量を表す関数 ϕ を速度場 $\mathbf{u}$ に従って移動させるというものである。もし ϕ が表面位置を表すなんらかの関数として定義できるならば，移流方程式により表面形状の変化を計算できそうである。

このようにして，格子法では移流方程式を使って液体表面を追跡する。移流方程式の差分化に関しては 4.3.3 項の方法を使えばよいので，あとは ϕ をどのような関数にするかである。大きく分けると陰関数を使う方法と陽関数を使う方法の二つがある。ここでは，陰関数を使うレベルセット法と陽関数によるメッシュベース移流法を取り上げる。

〔1〕 **レベルセット法**　　陰関数を使った方法として**レベルセット法** (level set method) がある。レベルセット関数という液体内/外で符号が異なる値をもつ関数を使い，関数値がゼロの点をつないでいくと表面形状が現れる。**図**

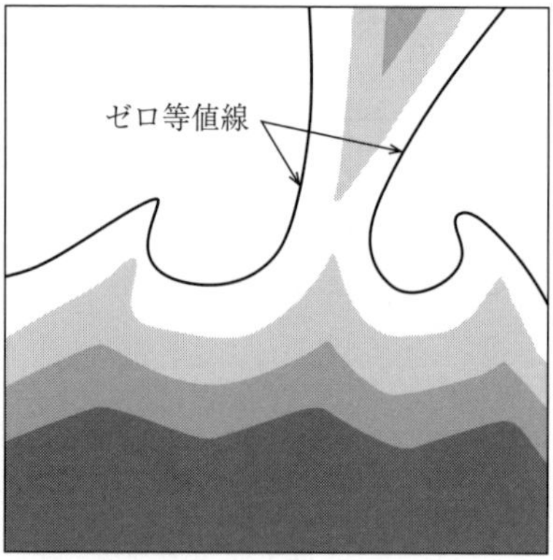

図 4.9　等値面による液体表面の定義

4.9 のように関数値を高さとして，等高線をひいていく作業と同じである。値が同じ線/面なので等値線/等値面と呼ぶ。関数 ϕ が直接，表面の位置を表しているわけではないので，毎ステップ等値面を抽出する処理が必要になるものの，水のようにその形状が激しく変化し，水塊同士の結合や分離が頻繁に起こる場合にとても有効な方法である。

レベルセット関数による表面定義を式で表すと，以下のようになる。

$$\begin{cases} \phi(x,t)>0 & \text{外部（outside）} \\ \phi(x,t)=0 & \text{界面（interface）} \\ \phi(x,t)<0 & \text{内部（inside）} \end{cases} \tag{4.21}$$

レベルセット関数 ϕ は速度場 $\mathbf{v}$ によって移動する。速度場がナビエ・ストークス方程式によりすでに計算されているとすると，レベルセット関数の移動は移流方程式(4.20)で定義される。

レベルセット関数 ϕ としては符号付距離関数が用いられることがほとんどである。位置 x において最も近い表面までの距離を表すのが距離関数であり，これに液体内外で符号を変えたのが符号付距離場である。グラフで表すと**図 4.10** になる。符号付距離場を用いるとその特性である $|\nabla\phi|=1$ によって，法線や曲率などの幾何学的な量を簡単に計算できる。例えば，法線 n は以下となる。

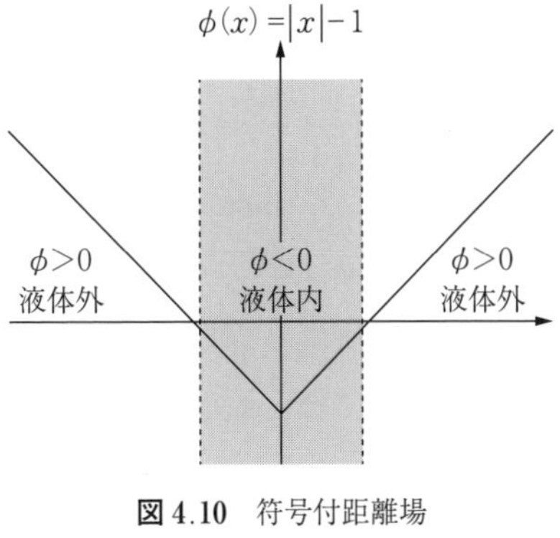

図 4.10　符号付距離場

$$n=\frac{\nabla\phi}{|\nabla\phi|}=\nabla\phi \tag{4.22}$$

また，曲率 k は次式で与えられる。

$$k=\nabla\cdot\left(\frac{\nabla\phi}{|\nabla\phi|}\right)=\nabla^2\phi \tag{4.23}$$

式(4.22)と式(4.23)の空間微分は，標準的な 2 次精度の中心差分を用いて計算される。

レベルセット関数に符号付距離関数を用いる場合，符号付距離関数を構築する必要がある。符号付距離関数を構築することを**再初期化処理**（reintialization process）と呼ぶ。再初期化処理は，シミュレーション中にある程度の頻度で繰り返す必要がある。なぜならば，幾何形状が極端に変化する流れによって，レベルセット関数はすぐに符号付距離場ではなくなってしまうからである。そのため，再初期化処理を効率的に行うアルゴリズムが必要である。

符号付距離関数は，$|\nabla\phi|=1$ の特性をもつ関数である。この特性を維持するために，境界付近において以下の再初期化方程式を用いて符号付距離場を再構築する。

$$\frac{\partial\phi}{\partial t}+S(\phi_0)(|\nabla\phi|-1)=0 \tag{4.24}$$

ここで，$S(\phi_0)$ は境界内で -1，境界外で 1 となる符号関数である。なお，ϕ_0 は界面を表す。この方程式を単純に離散化して処理を行った場合，ϕ が符号付距離関数になるためには非常に多くの計算時間を要する。再初期化処理を高速に行うことができる方法として，**fast marching method** がある[2)]。この方法では，現在の陰関数場から表面付近の点を抽出し，そこから周囲へ値を広げていくことで符号付距離場を構築する。また，距離場の性質が必要なのは表面付近だけなので，再初期化処理では正面近くの格子数個分幅の帯域だけを定義すれば十分である。

陰関数場（符号付距離場）からの等値面生成（8.2.3 項参照）には **marching cubes 法**（**MC 法**）などがよく使われている[3)]。MC 法を使うと，陰

関数場からある値をもつ等値面を三角形ポリゴンの集合（メッシュ）として抽出できる。具体的な手順は

1） 空間を格子分割し，各格子点の陰関数値を求める。

2） 両端の陰関数値の符号が異なる格子の辺は表面と交差しているので，線形近似などで交差点（頂点）を計算。

3） 各格子ごとに頂点がある辺の組合せからインデックスを作成し，メッシュの生成パターンを格納したテーブルを参照して，三角形メッシュを生成。

となる。これによりメッシュがつくられるので，あとはCGとして描画するだけである。注意としては，メッシュ生成は毎ステップ行う必要がある。なぜならば，液体の形状は毎ステップ大きく変化するからである。

〔2〕 **メッシュベース移流法**　陽関数を使った方法として，**メッシュベース移流法**（mesh-based advection）がある。**図 4.11** のように表面位置を直接表すメッシュを作成し，各頂点を流れに従って移動させる手法である。陰関数を使った手法と違い，全体的な三角形メッシュの生成は最初の 1 回だけで済むので計算コストは低くなりそうだが，実際には水のような低粘性流体はそのトポロジー（形状の接続関係）が変わってしまうので，それに合わせた部分的な再メッシュ化が必要となる[4)〜6)]。一方で，三角形メッシュを直接扱うのでレンダリングとの親和性は高く，また頂点にテクスチャ座標を割り当てておけば表面の模様を一緒に移流させることもできる。

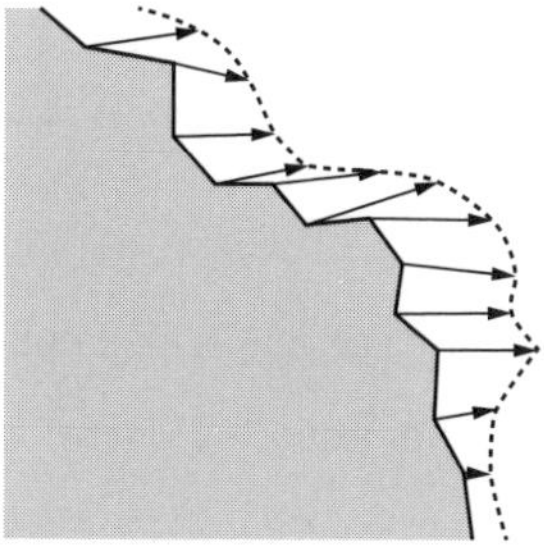

図 4.11　メッシュベース移流法

4.4 粒　子　法

ラグランジュ的アプローチの代表的なものが**粒子法**（particle method）である。粒子法では，空間に配置された粒子を計算点として用いる。前述の格子法の計算点が格子の中心点（結節点とすることもできる）に固定されているのに対して，粒子法の計算点は空間を移動する。格子法と比較して流体が動く空間が制限されず，並列化しやすい特徴もあるため，リアルタイムのアプリケーションによく利用されている。

粒子法においても，支配方程式である微分方程式を離散化して解くプロセスは，格子法と同様に必要である。格子法では，特定の計算点の離散化に必要となる近傍の計算点は変化しないが，粒子法では近傍粒子が時々刻々と変化するので，離散化の準備としての近傍粒子探索が必要となる。

格子法と粒子法の離散化の概念を**図 4.12** に示す。

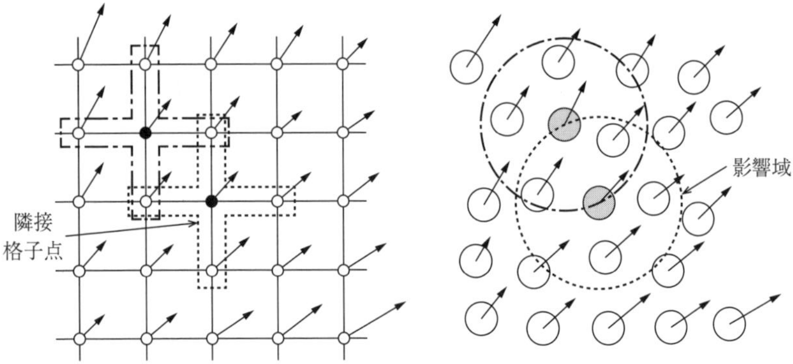

（a） 格子法　　　　（b） 粒子法

図 4.12　格子法と粒子法

粒子法の代表的なものに **MPS 法**（moving particle semi-implicit method）と **SPH 法**（smoothed particle hydrodynamics method）がある。粒子法では，移流項は計算点（粒子）の移動として計算されるので，離散化の検討が必要なのは圧力項と粘性項である。言い換えると，有限個の離散的な物理量の定義点

（粒子）の情報から，計算点における空間微分（ベクトルの微分演算子）を求めるための**補間操作**（この補間操作を表す演算を積分補間子と呼ぶ）を定義する必要がある。この補間操作の相違こそ，MPS 法と SPH 法の本質的相違にほかならない。ここでは SPH 法について解説する。

4.4.1 SPH　　法

SPH 法はもともと銀河系の衝突や天体の形成などの宇宙物理学におけるシミュレーションのために提案された手法であるが，現在は流体や熱など，ほかの多くの現象に応用されている[7)]。

SPH 法では各粒子が完全に独立して動くわけではなく，周囲の粒子との相互作用によりその動きが計算される。物理量 $\phi(x)$ は x 近傍の領域 Ω における積分補間

$$\phi(x) = \iiint_{\Omega} \phi(\xi)\,\omega(|r|, h)\,\mathrm{d}V \qquad (r = \xi - x) \tag{4.25}$$

と記述される。ここで，V は粒子の体積である。物理量は，計算点 x の周囲に分布しており，x における物理量を知りたければ，この積分補間を実行する必要がある。式中の ω は物理量の分布状態を規定する関数であり，**kernel 関数**（あるいは単に **kernel**）と呼ばれる。kernel 関数は現在の位置 x から近傍粒子位置 ξ までの距離ベクトル $r = \xi - x$ と有効半径 h に関する関数であり，有効半径外では 0 となるような関数がよく使われる。またその積分が 1 となるように設定する。

$$\iiint_{\Omega} \omega(|r|, h)\,\mathrm{d}V = 1 \qquad (r = \xi - x) \tag{4.26}$$

4.4.2 SPH 法による支配方程式の解法

SPH 法ではナビエ・ストークス方程式の移流項は実質微分を使って省略され，以下のように表される。

$$\frac{D\mathbf{u}}{Dt} = -\frac{1}{\rho}\nabla p + \nu\nabla^2\mathbf{u} + \mathbf{F}_{\mathrm{ext}} \tag{4.27}$$

粒子自体が流体を表しているため質量保存を明示的に考える必要がなく，移流項の計算も単に粒子を移動させるだけでよい。各粒子 i の速度 $\mathbf{u}_i$ を以下で更新する。

$$\rho_i \frac{\partial \mathbf{u}_i}{\partial t} = \mathbf{F}_i \tag{4.28}$$

ここで

$$\mathbf{F}_i = \mu\nabla^2\mathbf{u}_i - \nabla p_i + \rho_i g \tag{4.29}$$

$\mathbf{F}_i$ の各項について以下に述べる。

〔1〕 **粘　性　項**　　粘性項は流体の速度により構成される。速度 v のラプラシアンをそのまま離散化すると速度が発散してしまうため，粘性力は流体の速度差に依存すると考えて，対称に作用するようにする。なおここで W は重み関数を表し，3 次以上の spline 関数が使用されている。

$$\mathbf{F}_i^{\mathrm{visc}} = \mu\sum_j m_j \frac{\mathbf{u}_j - \mathbf{u}_i}{\rho_j}\nabla W_{\mathrm{viscosity}}(\boldsymbol{r}, \boldsymbol{h}) \tag{4.30}$$

〔2〕 **圧　力　項**　　圧力項は圧力値の勾配で構成される。勾配値用の離散化式を用いることで圧力項を離散化することができる。

$$f_i^{\mathrm{pres}} = -\sum_j m_j \frac{p_i + p_j}{2\rho_j}\nabla W_{\mathrm{spiky}}(\boldsymbol{r}, \boldsymbol{h}) \tag{4.31}$$

ここで，式(4.31)のように圧力の平均値を用いることによって粘性項と同様に非対称問題に対処する。

p_i の計算には圧力と密度の関係を表す状態方程式が用いられる。多くの SPH シミュレーションでは

$$p = k(\rho - \rho_0) \tag{4.32}$$

が用いられる。ここで，ρ_0 はシミュレーションする対象の流体密度である。例えば，水ならば約 1 000 kg/m^3 であるが，実際には初期配置での最大密度を用いてもよい。

4.4.3 近傍粒子探索

粒子は移動するから，各粒子の相対的な位置関係は時々刻々と変化する。したがって，微分演算を行う前に個々の粒子の kernel の影響域内に位置する粒子を探索する必要がある。これを**近傍粒子探索**（nearest neighbor particle search）と言う。最も単純な方法は全粒子探索である。近傍の粒子を特定するには，ほかのすべての粒子との間の距離を計算し，粒子間距離が影響域半径 r_e 以下か否かを判定することが必要となるが，総粒子数を N とすれば，この操作は $N(N-1)$ 回の距離計算を要し，近傍粒子探索の計算コストは $O(N^2)$ となる。粒子数が少ない（$10^3 \sim 10^4$ 個程度）場合には問題はないが，粒子数の増大とともに近傍粒子探索の計算負荷は増大し，粒子数が 10^6 個程度に達すると計算時間の大半が近傍粒子探索に費やされることとなってしまう。

計算規模の拡大には近傍粒子探索の効率化が不可避なのは自明だから，問題の解決法には粒子法の開発初期から検討され，主として二つの方法が適用されてきた。

第 1 の方法は，影響半径 r_e より大きい探索半径を有する予備探索領域を導入する方法である。粒子 i の kernel の影響域は予備探索域の内部にあるので，予備探索域の近傍粒子テーブルには粒子 i の近傍粒子候補が掲載されている。近傍粒子の探索では，予備探索域の近傍粒子テーブルに掲載されている粒子のみとの粒子間距離を計算すればよいので，計算量は大幅に削減できる。また，予備探索域は kernel の影響域より大きいため，時間更新数回に 1 回の頻度で更新すればよく，計算負荷の増大は限定的である。この方法により，近傍粒子探索の計算コストは $O(N^{1.5})$ 程度に減少する[8)]。

一般に，計算領域を bucket（小長方形領域）に分割し，各 bucket で切り出して管理すれば，問題を各 bucket 内での局所的で単純な問題に帰着できることがあり，高速処理に有効である（**bucket 法**）。

第 2 の方法はこれに準じた方法で，計算領域を均等な規則格子で覆い，規則格子（セル）を利用して粒子 i の近傍粒子を探索する（**図 4.13**）。この方法は SPH 法，MPS 法を通じて広く用いられ，**連結リストアルゴリズム**（linked list

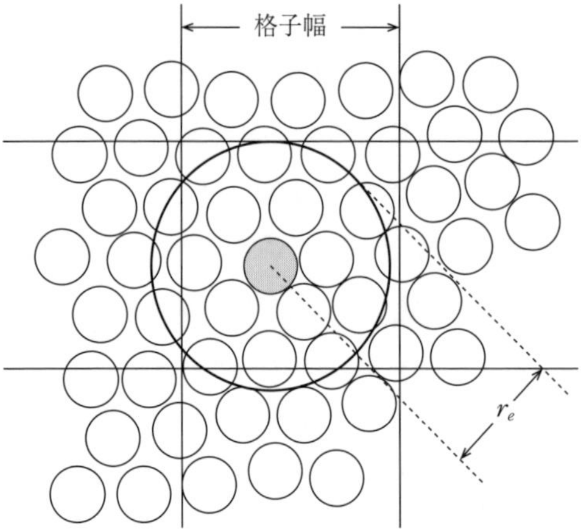

図 4.13　bucket 法

algorithm）とも呼ばれる。粒子 i が含まれるセルは，粒子 i の座標から簡単に特定できる。仮にセルサイズと影響半径 r_e が同じに設定されているとすると，粒子 i が含まれるセルと接するセルに含まれる粒子のみを対象に距離計算すれば，粒子 i の近傍粒子が特定できる。各セルが含む粒子の特定は頻繁に行う必要があるが，粒子の座標からセル番号への変換は簡単な代数式を（例えば少数の切り捨てなど）介して行うことができるので計算負荷は低い。この方法により，近傍粒子探索の計算コストは $O(N)$ 程度に減少する。

4.4.4　粒子からの界面サーフェス抽出

粒子法で液体をシミュレーションしたとしても，粒子をそのままレンダリングしたのでは流体に見えない（図 **4.14**(a)）。動き自体は流体なのだが，やはり格子法と同じく流体ならばその表面（界面サーフェス）をつくる必要がある。

液体シミュレーションでは粒子そのものが液体を示し，粒子がないところが空気層であると考えられる。そのため，粒子のあるところとないところの境目が境界になる。この境界を表面とする。境界の定義には球体同士を滑らかにつなぐことで形状をモデリングするための手法である**メタボール**（metaball）を用いる[9]。陰関数場から等値面を図(b)のように，MC 法などで三角形メッシュとして抽出し**レンダリング**（rendering）するか，**レイトレーシング法**（ray

（a） 粒子のみのレンダリング

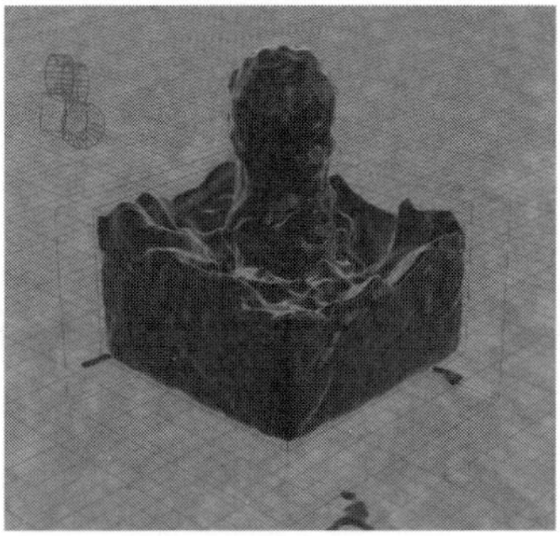

（b） 陰関数から生成した三角形メッシュ

（c） 反射，屈折を考慮したレンダリング

図 4.14 表面生成（口絵 4 参照）

tracing method）などで等値面を直接レンダリングすることで，CG アニメーションとなる。なお，図（b）は三角形メッシュが見えやすいように外部の箱は非表示とした。実際に粒子から表面メッシュを生成し，レンダリングした例が図（c）である。液体のトポロジーは頻繁に変わるので，表面抽出は毎ステップ実行される（4.5.6 項参照）。

4.5 FLIP 法

FLIP（FLIP/PIC）**法**（以下，FLIP とする）は 2005 年に Zhu と Bridson ら

によってCG界に紹介された，格子法と粒子法を用いた流体表現法の一つである[10)]。FLIPでは，流体の運動を記述するナビエ・ストークス方程式に基づき，粒子の挙動を移流部と圧力計算部に分解する。移流部は，粒子を速度場に沿ってラグランジュ的に移動して計算する。圧力項は，粒子の速度をいったん格子にマッピングして，格子法を用いて計算する。この結果を粒子にマッピングして非圧縮な粒子の速度を計算する。FLIPでは，粒子の分布をそのまま液体表面の追跡として利用できるので，レベルセット法など別途界面追跡法を導入する必要がない。また，計算が発散しにくく，実装が比較的容易であるという利点がある。

FLIPでは，式(4.10)のナビエ・ストークス方程式の運動量保存式を移流項と圧力項に分離して順々に計算する。なお，粘性項は移流項計算時に数値拡散として取り込む。おもな特徴として，FLIPは移流項を粒子を使ってラグランジュ的に，圧力項を格子を使ってオイラー的に解く。圧力項では，液体表面での圧力を0とする境界条件（**ディリクレ境界条件**（Dirichlet boundary condition））と，壁面での法線の向きでの圧力勾配を0とする境界条件（**ノイマン境界条件**（Neumann boundary condition））を与えてポアソン方程式（4.2.2項参照）を解き，移流項は流速値をもった粒子を流れに沿って移動させるだけで計算する。ポアソン方程式とは，2階の楕円形偏微分方程式であり，電磁気学，移動現象論，流体力学といった物理学の諸領域において系を記述する基礎方程式として現れる。ポアソン方程式は対数ポテンシャルやニュートン・ポテンシャルを用いることで，有界領域の内部における解の例（特殊解）u_0を構成することができる。さらに，いくつかの条件の下では，全領域（無限境界）における解となる。また，こうした特殊解を用いることでポアソン方程式の境界値問題をより単純なラプラス方程式の境界値問題に帰着させることができる。

FLIPはラグランジュ法とオイラー法の利点を組み合わせた手法と言える。圧力項は格子法で離散化するため，高速に圧力勾配を求めることができる。FLIPでは液体領域は粒子の集合で表現されるため，液体と空気の境界面は粒子群から計算される陰関数で表現される。

以下にFLIPシミュレーションの流れを示す（**図4.15**）。

1）　パーティクルのもつ速度を図(a)地点で観測する。

2）　単位立方体（ボクセル）の中に含まれるパーティクルの速度の平均値をとって単位立方体の速度とする（図(b)）。

3）　ナビエ・ストークス方程式の圧力項をグリッドセルの速度を用いて更新する（図(c)）。

4）　3)の更新情報によるグリッドセルの速度の変化量を，パーティクルがもっている1)の速度に足し合わせる。このパーティクルの速度がつぎのタイムステップにおける1)のパーティクルの速度となる(図(d))。

5）　3)でアップデートされたグリッドセルの速度を補間して速度ベクトル場を生成し，この速度ベクトル場に沿ってパーティクルを移動させる。この“移動”が移流項の計算工程に相当する（図(e)）。

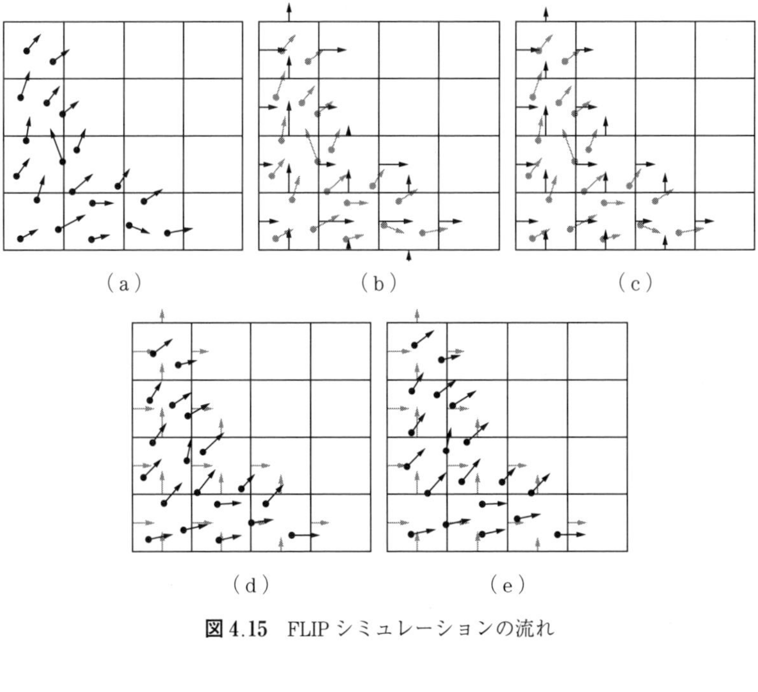

図4.15　FLIPシミュレーションの流れ

4.5.1 初　期　構　成

FLIPでは，各粒子が物理量（流速ベクトルなど）をもつ。スタッガード配列で離散化された格子は，粒子の圧力計算や移流の補助として一時的に使われるだけで，シミュレーションの物理量は管理しない。FLIPではシミュレーション開始時に粒子を水領域内部に配置する。初期配置の粒子密度に関する決まりはないが，一般に一つの格子セルに2次元ならば四つ，3次元ならば八つの粒子が配置される。**図4.16**にFLIP粒子の配置例を図示する。

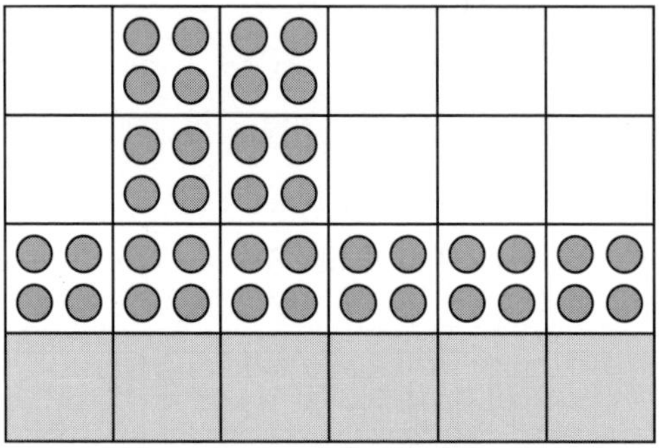

図4.16　FLIP粒子の配置例

4.5.2 格子を用いた圧力項の計算

FLIPでは，いったん粒子の流速を格子に**転写**（**マッピング**（mapping））する。マッピングは任意の手法が利用できるが，ここでは暫定的に行列$\mathbf{M}$で線形に表されるとする。$\mathbf{u}^*$，$\mathbf{g}^*$をそれぞれ粒子の流速，格子上の流速とすると，$\mathbf{g}^* = \mathbf{M}\mathbf{u}^*$で表記できる。ここで，添え字$*$は圧力項の計算前の流速を表す。流速を格子にマッピングしたら，通常の格子法を用いて格子上の圧力を計算する。液体では，**MAC**（marker-and-cell）**法**により「水」の領域とそうでない空間に分けて，「水」の領域のみ圧力を計算する。MAC法では，容器に囲まれた水面を格子状のグリッドで離散化する。そして，各格子の中心に圧力点を置き，それぞれの方向への流速を格子面に設置する。これをスタッガード格子と呼ぶ。FLIPでは，粒子が存在するセルを「水」の領域として設定する。何もない空間セルでは，圧力をゼロに固定する。これは**ディリクレ境界条件**と呼ばれる。

圧力の計算を終えたら，$\mathbf{g}^*$ から圧力の勾配を引いて，非圧縮な流速 $\mathbf{g}$ を求める。

4.5.3 流速のマッピング

格子上で流速 $\mathbf{g}$ を求めたら，これを粒子にマッピングして粒子の新しい流速 $\mathbf{u}$ を計算する。格子から粒子のマッピングを行う際，粒子の自由度とグリッドの自由度は異なるため，$\mathbf{u}=\mathbf{M}^{-1}\mathbf{g}$ を満たす逆行列 $\mathbf{M}^{-1}$ を求めることはできない。そこで，代わりに $\mathbf{M}$ の転置行列を取って，格子から粒子への写像 $\mathbf{u}=\mathbf{M}^t\mathbf{g}$ を定義する。格子から粒子への写像は双線形補間で求められるため，行列 $\mathbf{M}^t$ は双線形補間，$\mathbf{M}$ は双線形補間の転置行列となる。行列 $\mathbf{M}^t$ と $\mathbf{M}$ の関係を**図 4.17** に示す。

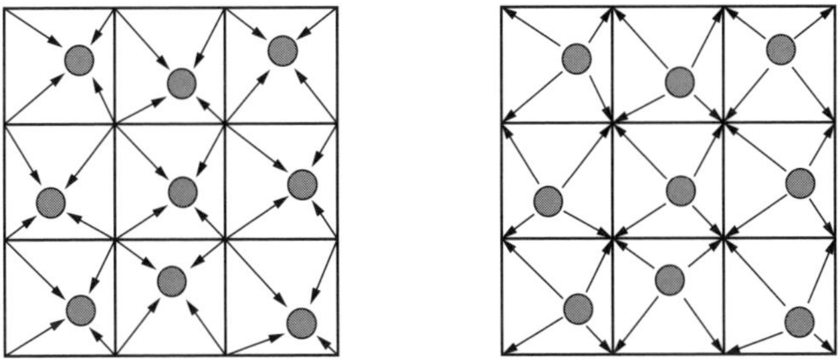

（a） $\mathbf{M}^t$　　（b） $\mathbf{M}$

図 4.17　双線形補間行列 $\mathbf{M}^t$ とその転置行列 $\mathbf{M}$

4.5.4 移流項の計算

移流項は，粒子位置でグリッドの流速を補間して，この流れに乗せて粒子位置を移動させて計算する。

まず粒子位置を p とすると，1 次精度の移流は $p_{t+\Delta t}=p+\Delta t\mathbf{M}^t\mathbf{g}$ で表せる。

高精度な移流を施す場合，液体領域の外側で流速をサンプリングすると正常な流速値がサンプリングできないので，その場合は近傍の流速領域点で流速をサンプリングする。

ラグランジュ的な粒子の移流は容易に計算できる利点がある反面，粒子がときどき壁面をすり抜けて埋まってしまうことがある。

この現象は，例えば高精度ルンゲ=クッタ法（Runge-Kutta method）と言い移流精度を高くすると発生しにくくなるが，それでも一度めり込んでしまった粒子は自然に取れることはほとんどないため，発生次第随時壁の外側へ押し出す必要がある。

粒子の押出は，めり込んだ粒子の地点から一番近い壁面の位置を算出し，粒子をその位置へ移動することで処理できる。なお，この処理は，壁面が**レベルセットサーフェス**（level set surface）で定義されていると，簡単に実装可能である（レベルセットサーフェスに関しては，4.5.6 項参照）。

4.5.5　数値拡散を伴わない流速のマッピング

上述した「圧力項の計算」から「流速のマッピング」および「移流項の計算」を繰り返すと，実際になにかしらの液体のアニメーションが生成される。このシミュレーションは **PIC**（particle-in-cell）**法**と呼ばれ，初期に圧縮流体の解析法として考案された[11)]。

しかしながら，PIC には流れを記述する支配方程式から粘性項を省いているにも関わらず液体の動きが粘っこく，渦を巻くような流れがすぐに消えてしまう数値拡散の問題があった。これは，格子と粒子の間で流速を毎ステップマッピングすることに原因がある。

例えば，大きな画像を編集ソフトで縮小したあともとの大きさに拡大すると，その画像は解像度が低くなってぼけてしまう。これと同じことが，流速のマッピングで発生する。この拡散は，粒子の流速場の拡散フィルタ $\mathbf{u}_{\mathrm{new}} = \mathbf{M}^t\mathbf{M}\mathbf{u}$ で表される。本来，圧力項の計算で格子の流速に変化がなければ，マッピング後の粒子の流速も変化しないはずである。

ここで，格子上の圧力勾配による流速の非圧縮場投影を $\mathbf{P}_{\mathrm{grid}}$ と表すと，PIC

の粒子流速の非圧縮投影の線形演算は $\mathbf{P}_{\mathrm{pic}}=\mathbf{M}^t\mathbf{P}_{\mathrm{grid}}\mathbf{M}$ と表記できる。FLIP は，数値拡散を伴わない PIC として，PIC の登場から数年後に Brackbill らによって考案された[12)]。

FLIP では，更新された格子の流速を粒子にそのままマッピングするのではなく，その更新の“変化”を粒子に“足す”ことによって，数値拡散を取り除いている。FLIP の非圧縮投影の線形演算 $\mathbf{P}_{\mathrm{flip}}$ は変化 $\mathbf{P}_{\mathrm{grid}}$ を足して

$$\mathbf{P}_{\mathrm{flip}}=\mathbf{I}+\mathbf{M}^t(\mathbf{P}_{\mathrm{grid}}-\mathbf{I})\mathbf{M} \tag{4.33}$$

で表される。

特徴として，FLIP ではグリッドの非圧縮投影が何もしないとき（$\mathbf{P}_{\mathrm{grid}}$ が単位行列のとき），$\mathbf{P}_{\mathrm{flip}}$ も単位行列となり，PIC で見られた数値拡散が発生しない。直感的には，FLIP は流速の低周波数成分だけ取り出して非圧縮投影を行い，高周波数成分をそのまま残していると捉えられる。したがって，FLIP は数値拡散こそ発生しないが，高周波数成分は非圧縮性を満たさないので，このバンドは物理的にはノイズでしかない。幸いにも，人間の目は高周波成分に鈍感なので視覚的な問題は顕著ではない。しかし，FLIP は副作用として，高周波成分のノイズが蓄積し，水流の勢いがほとんど減衰しないという問題がある。そこで実際には，FLIP に PIC を少し混ぜた PIC/FLIP 法が用いられる。

4.5.6 界面サーフェスの抽出

液体を可視化するためには，粒子群から界面サーフェスを抽出する必要がある。しかし，粒子は粒の集合であるため，そのままでは界面を自然に表現することができない。これは粒子法を用いた流体シミュレーションに共通する課題で，さまざまな手法が提案されている。最も頻繁に用いられる手法は，それぞれの粒子の距離から定義されるレベルセット関数 $\phi(x)$ を定義する手法である。次式に界面のレベルセット関数の例を示す。

$$\phi(x)=r-\sum_i m_i W_{\mathrm{smooth}}(x-p_i,d_i) \tag{4.34}$$

W_{smooth} は任意の**スムースカーネル**（smooth kernel）である。例を次式に示す。

$$W_{\mathrm{smooth}}(r, h) = \max\left(0.1 - \frac{\|r\|^2}{h^2}\right) \tag{4.35}$$

ここで，係数 r は界面の厚みを表し，m_i は粒子の重み係数（質量）である。この関数では，液体内部では $\phi(x) < 0$ となり液体外部では $\phi(x) > 0$ となる。$\phi(x) = 0$ で定義される面は滑らかな曲面を描くので，これをレイトレーシング法でレンダリングすると写実的な水面を可視化できる。**図 4.18** に粒子群から定義されるレベルセットサーフェスの例を図示する。

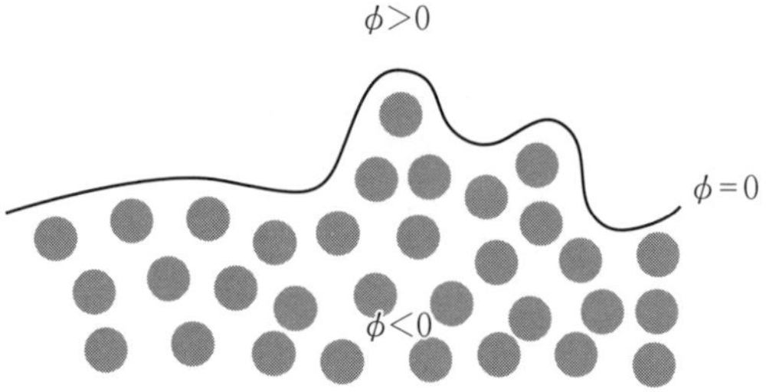

図 4.18　粒子群から定義されるレベルセットサーフェスの例

4.6　雪崩による雪煙のビジュアルシミュレーション

本節では，流体シミュレーションに関する研究事例として「雪崩による雪煙のビジュアルシミュレーション」を紹介する。

雪パーティクルと山の斜面との衝突点からナビエ・ストークス方程式による雪煙拡散速度場を生成し，速度場に沿って運動する雪煙をボリュームレンダリング法（8.2 節参照）によって可視化することで，雪崩による雪煙のビジュアルシミュレーションを行う手法である[13]。

まずはじめに，山の斜面をポリゴンで生成し，斜面上部から雪パーティクルを発生させ，斜面に沿って重力による落下運動を計算する（**図 4.19**(a)）。つぎに，雪パーティクルが落下する際に斜面と衝突する地点を検出し，その地点での衝突力積を算出する（図(b)）。そして，算出された衝突力積を利用して衝突点からの雪煙の拡散速度場をグリッドベースによるオイラー法（グリッド

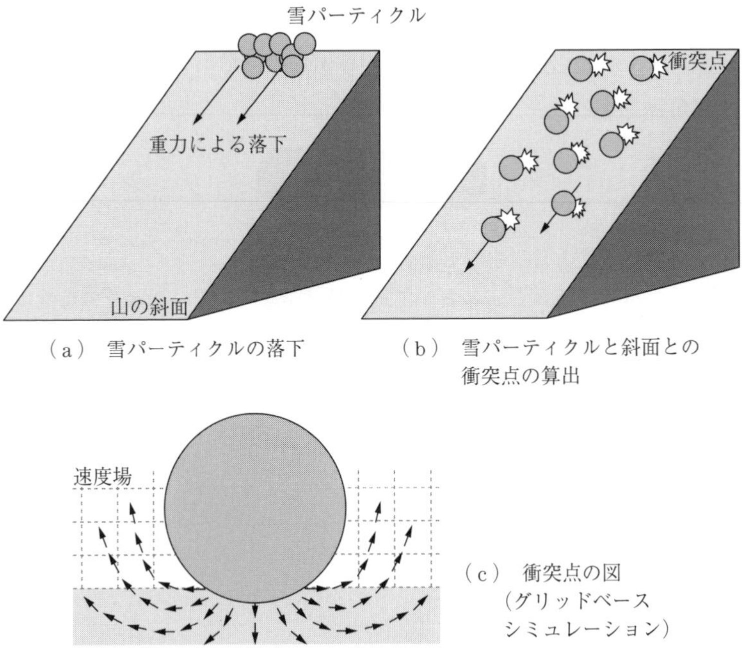

（ａ）　雪パーティクルの落下

（ｂ）　雪パーティクルと斜面との衝突点の算出

（ｃ）　衝突点の図（グリッドベースシミュレーション）

図 4.19　雪崩による雪煙のビジュアルシミュレーションの概要

ベースシミュレーション）を用いて流体運動の基礎となる速度場を計算する（図（ｃ））。

最後に，このようにして生成された速度場に沿って運動する雪煙の密度を算出し，雪崩による雪煙のビジュアルシミュレーションを行った画像を**図 4.20**

図 4.20　雪崩による雪煙のビジュアルシミュレーション（口絵 5 参照）

に示す。

本手法により，山の斜面の斜度の違いなどによって引き起こされる雪煙の違いも表現可能となった。

演 習 問 題

〔**4.1**〕 流体の支配方程式をなんと言うか答えよ。

〔**4.2**〕 レベルセット関数 ϕ において，符号付距離場を用いるとその特性は $|\nabla\phi|=1$ となる理由を答えよ。

〔**4.3**〕 図 4.14 で示したシミュレーション例を Houdini を使用して実装せよ。

5章 剛体・弾性体シミュレーション

◆本章のテーマ

CGでシミュレーションしたいものを考えてみよう。すでに述べた水に代表される流体などの形が定まらないものから，ボールやブロック，車などの形状がある程度固定されているものも含まれるだろう。これらをコンピュータ上で計算する際には，それぞれの現象を支配する方程式が必要となる。そして，その方程式というのはほとんどの場合，物理法則と呼ばれるものから算出される。

本章では，物体に働く力を考慮した物理法則に則り，剛体シミュレーションの支配方程式を導く。また，物体同士の衝突計算のアルゴリズムを解説する。つぎに，布や糸，クッションなどの柔らかいものを扱う方法としてばね−質点系モデルと位置ベースのシミュレーション手法に関しても解説する。

◆本章の構成（キーワード）

5.1　ボールの運動
　　ニュートンの運動第2法則，角速度，角加速度，慣性テンソル
5.2　衝突処理
　　衝突検出，衝突応答，境界ボリューム，接触多面体
5.3　弾性体シミュレーション
　　ばね−質点系
5.4　位置ベースの変形シミュレーション
　　シェイプマッチング法，XPBD
5.5　非周期的空間充填とXPBDを用いた弾性凝集体のプロシージャルモデリング
　　空間充填，弾性凝集体，プロシージャルモデリング

◆本章を学ぶと以下の内容をマスターできます

☞ 物理ベースのシミュレーションにおける運動方程式
☞ 物体の衝突計算アルゴリズム
☞ 弾性体シミュレーションのアルゴリズム
☞ 位置ベースシミュレーションのアルゴリズム

5.1 ボールの運動

はじめに簡単な例として，**図 5.1** のように球状のボールに水平方向に力 $\mathbf{F}$〔N〕を加えた場合の軌跡をシミュレーションする場合を考える。ボールは重心を中心とした回転（自転）を考えないものとする。さらに条件として，ボールにはつねに重力（重力加速度 g〔m/s^2〕で下方向に加速し続ける）が作用し，空気抵抗は考えない。また，ボールの質量は m〔kg〕とする。

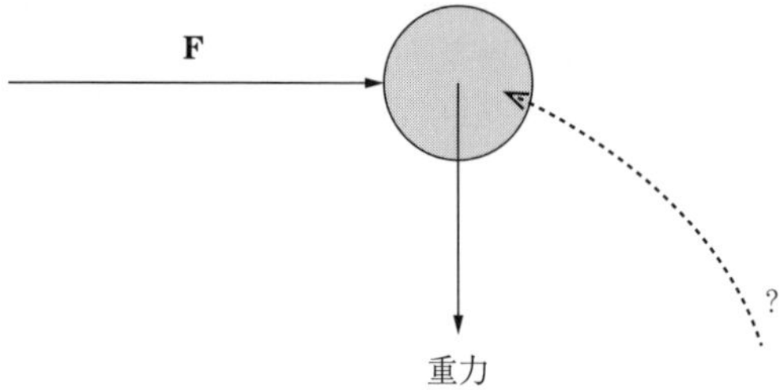

図 5.1　ボールに力 $\mathbf{F}$ を加えたときの運動は？

このときに考えなければならないのは，力 $\mathbf{F}$ からボールの中心座標への変換である。すなわち，力 $\mathbf{F}$ によって中心座標がどのように変化するのかである。これを直接変換はできないので，間に加速度 $\mathbf{a}$ と速度 $\mathbf{v}$ を挟む。位置の変化（距離）と速度の関係は，速度＝距離/時間である。ただし，これはある一定の時間内に一定の速度で移動した場合の式である。一般に，速度が刻一刻と変化する場合は，一定時間 $\Delta t \to 0$ として微分を使って表す。中心座標 $\mathbf{x}=(x, y, z)$ とすると，ボールの速度は時間 t に関する微分を使って

$$\mathbf{v}=\frac{\mathrm{d}\mathbf{x}}{\mathrm{d}t}=\left(\frac{\mathrm{d}x}{\mathrm{d}t}, \frac{\mathrm{d}y}{\mathrm{d}t}, \frac{\mathrm{d}z}{\mathrm{d}t}\right) \tag{5.1}$$

と計算される（速度はある時間内での位置の変化率なので，微分を用いて計算できる）。

いま，ボールがある時刻 T での位置 $\mathbf{x}(T)$ から時間によって変化する速度 $\mathbf{v}(t)$ で移動すると，T から $T+\Delta t$ までの移動ベクトル Δx は積分で表される。

$$\Delta x=\int_T^{T+\Delta t}\mathbf{v}(t)\,\mathrm{d}t \tag{5.2}$$

これより，ある時刻でのボールの位置 $x(t)$ から離散時間 Δt 後の位置

$$x(t+\Delta t)=x(t)+\Delta x \tag{5.3}$$

が求められる。これを繰り返すことで，初期位置 $x(0)$ からどのような軌跡で物体が変化するかを計算するのが，運動する物体のシミュレーションの基礎となる。

さて，ここで問題になるのは，$v(t)$ と Δx の積分をどうやって計算するのか？ということである。それぞれ，運動方程式，時間積分の離散化と分けて説明する。

5.1.1 運動方程式

ニュートンの運動第2法則（ニュートンの運動方程式）より，質量 m の物体に掛かる力 $\mathbf{F}$ と加速度 $\mathbf{a}$ の関係は，以下の方程式で表される。

$$\mathbf{F}=m\mathbf{a} \tag{5.4}$$

すなわち，加速度と力は比例する。加速度 $\mathbf{a}$ は速度の時間微分 $\mathrm{d}\mathbf{v}/\mathrm{d}t$ で表されるので，速度から位置を計算したときと同じように積分を使うとある時刻での速度が求められる。すなわち，ニュートンの運動方程式を Δt の間で積分すると

$$\int_{\Delta t}\mathbf{F}\mathrm{d}t=\int_{\Delta t}m\frac{\mathrm{d}\mathbf{v}}{\mathrm{d}t}\mathrm{d}t=m\Delta\mathbf{v} \tag{5.5}$$

で速度変化 $\Delta\mathbf{v}=\dfrac{\mathbf{a}\Delta t}{m}$ が求められる。

5.1.2 時間積分の離散化

Δx の積分は，もし v が連続的に与えられる，すなわちあらゆる時刻で v の正確な値が与えられるならば，数値積分法により細かなタイムステップ幅を使って高精度に計算できるが，これはあまり一般的ではない。なぜならば，v もやはり離散的に求められることがほとんどであり，計算コストの点でも問題になるからである。そこで，**前進オイラー法**（forward Euler method）を用いて求める。

前進オイラー法を使った場合，**図 5.2** の円状の物体のように速度が t から t

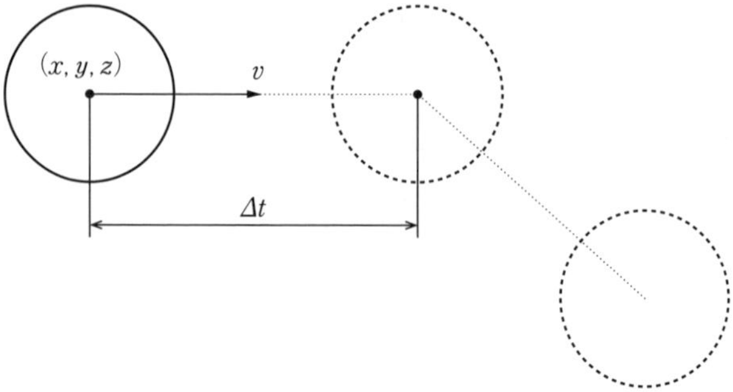

図 5.2　一定速度での離散化

$+\Delta t$ の間，位置が線形に変化する（直線的に移動する）とした場合

$$x(t+\Delta t)=x(t)+v(t)\Delta t \tag{5.6}$$

と現在の速度のみを使ってつぎのステップの位置を求めることができる。

しかしながら，実際の運動がそうである場合が多いように物体はいろいろな方向に動き回り，その速度も非線形に変化する運動の場合は誤差が大きくなる。ただし，Δt を極限まで小さくすれば真値と一致する。

5.1.3　回転の運動方程式

並進運動では剛体の位置と速度，加速度，力で運動を表現した。回転運動ではそれぞれ，**姿勢**，**角速度**（angular velocity），**角加速度**（angular acceleration），トルクで運動を表現する。2 次元の場合は姿勢は一つの角度 θ で表される。そのとき，角速度 ω，角加速度 $\dot{\omega}$ はそれぞれの時間微分となる。

$$\omega=\frac{\mathrm{d}\theta}{\mathrm{d}t}, \qquad \dot{\omega}=\frac{\mathrm{d}\omega}{\mathrm{d}t} \tag{5.7}$$

3 次元の場合は，θ を四元数 q で置き換えればよい。角加速度とトルク T を使うとニュートンの第 2 法則の回転運動版が定義できる。

$$T=I\dot{\omega} \tag{5.8}$$

ここで，I は**慣性テンソル**（inertia tensor，2 次元なら**慣性モーメント**（moment of inertia）とも）と呼ばれ，回転のしにくさを表す。これは並進運動の場合の質量に相当し，行列の形で表される。この式から，角速度は慣性テンソルの逆行列とトルクを使って計算することができる。

5.2 衝　突　処　理

剛体シミュレーションにおいて非常に重要な要素となるのが，衝突の処理である。衝突を処理する際には，まず物体形状同士の重なりの判定（**衝突検出**，collision detection）を行う必要がある。ここで注意点として，現実世界では物体同士が重なることはない。しかし，タイムステップ幅ごとに離散的に移動するコンピュータシミュレーションでは，基本的に重なると考えて処理を行う必要がある。衝突検出後，もしも物体が重なっていた場合，そのタイムステップ内で衝突が発生したことになり，つぎのステップとして衝突後の物体の位置の計算（**衝突応答**，collision response）を行う。物体同士が衝突すると，作用・反作用の法則により衝突位置・姿勢，速度に応じた反力が発生する。この反力を計算し，衝突後の位置，速度を計算するのが衝突応答処理である。

5.2.1 衝　突　検　出

衝突を処理するために，物体同士が衝突したかどうかを調べる必要がある。これを**衝突検出**と呼ぶ。例えば，それぞれ r_1，r_2 の半径をもつ二つの球の衝突検出を考えてみる。それぞれの中心座標を c_1，c_2 とすると，中心座標間の距離は $|c_1 - c_2|$ であり，この距離が $r_1 + r_2$ 以下であれば物体同士は衝突していると言える。条件式にすると以下となる。

$$|c_1 - c_2| < r_1 + r_2 \tag{5.9}$$

球同士は最も単純な例であるが，点と面，点と線の距離，ベクトルの内積などを使うと三角形ポリゴン同士の衝突検出が可能となる。しかし，一般的なモデルは数百から数万のポリゴンで構成され，それぞれのモデルを構成するポリゴンすべての組合せについて試す必要がある。

そこで実際には，**ブロードフェーズ**（broad phase）と**ナローフェーズ**

(narrow phase) という二つのフェーズに分けて衝突検出を行う。ブロードフェーズでは大まかな形状を使って衝突が発生する可能性があるオブジェクトのペアを探索し，ナローフェーズでは衝突可能性があるペアのみ正確な衝突検出を行う（**図 5.3**)。ブロードフェーズで衝突の可能性がまったくないものを事前に取り除いておくことで，計算を非常に効率化することができる。

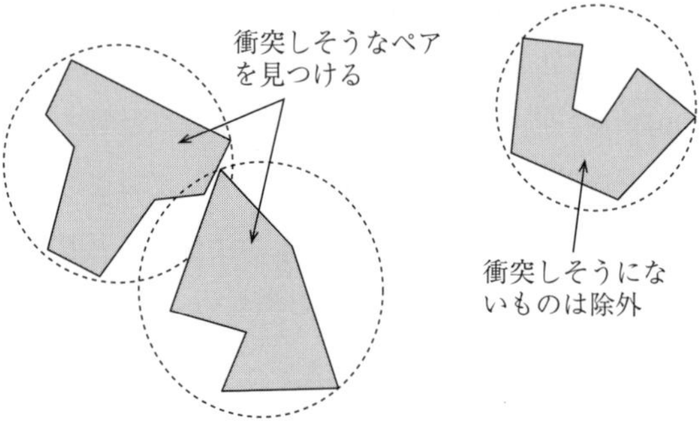

図 5.3　衝突検出処理の流れ

〔1〕 **ブロードフェーズ**　　ブロードフェーズでは，形状を包み込む単純な形状を使って衝突の可能性があるペアを探し出す。この形状を**境界ボリューム**(bounding volume：**BV**) と呼ぶ。境界ボリュームに単純な形状を用いることで，高速な衝突判定を行うことが可能となる。よく用いられる境界ボリュームを**図 5.4** に示す。

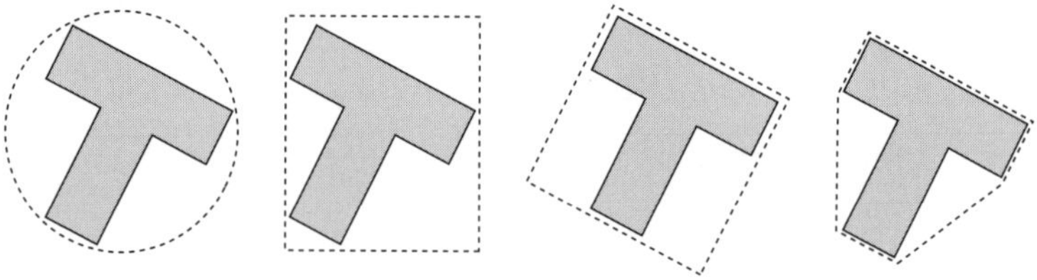

（a） 境界球　（b） AABB　（c） OOBB　（d） 凸包

図 5.4　境界ボリューム

破線が境界ボリューム形状を表し，左から**境界球**（bounding sphere)，**AABB**（**軸平行境界ボックス**：axis-aligned bounding box)，**OOBB**（object-oriented bounding box)，**凸包**（convex hull，**図 5.5**）と呼ばれる。右に行くほど生成コスト，メモリが大きくなるが，逆にもとの形状に対する密着度は高くなる。

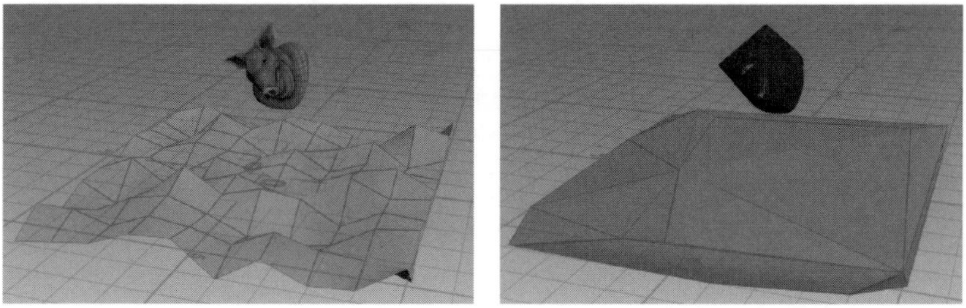

（a） 衝突前の二つのオブジェクト　　（b） 二つのオブジェクトの convex hull 表示

図 5.5　convex hull の例（口絵 6 参照）

〔2〕 **ナローフェーズ**　　衝突の可能性があるペアがわかったら，あとは実際のオブジェクト同士で衝突判定を行えばよい。衝突判定にはその形状ペア（球と球，球とボックス，三角形ポリゴンと三角形ポリゴンなど）によりさまざまなアルゴリズムがある。ここでは物理エンジンでよく使われている **GJK**（Gilbert-Johnson-Keerthi）**アルゴリズム**について説明する[1]。

5.2.2　GJK アルゴリズムの原理

GJK アルゴリズムは「ミンコフスキー差が原点を含むと交差している」という理論に基づいている。

〔1〕 **ミンコフスキー和**　　まず最初にミンコフスキー和について簡単に解説する。二つの凸多面体 A，B が与えられたとき，ミンコフスキー和とは，以下を満たすものである。

$$\mathrm{A} \oplus \mathrm{B} = \{\mathbf{a} + \mathbf{b} : \mathbf{a} \in \mathrm{A}, \mathbf{b} \in \mathrm{B}\} \qquad (5.10)$$

これを図にすると，**図 5.6** が現れる。ここで，**a** と **b** は集合 A，B 内の点の位置ベクトル（座標）で，**a**＋**b** はベクトルの和になっている。

ミンコフスキー和は，図 5.6 で示したとおり各物体の頂点同士を合計したあ

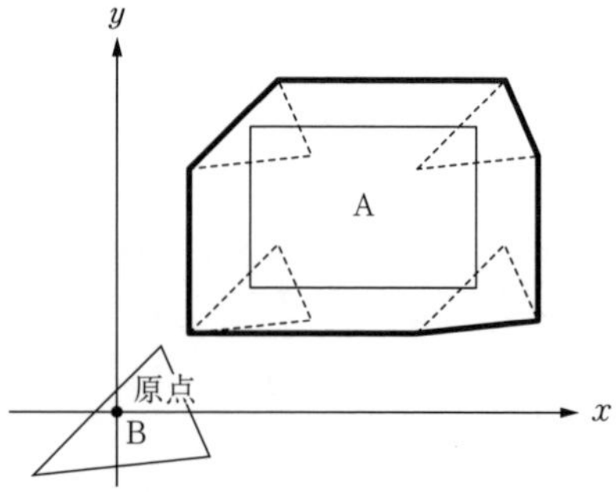

図 5.6　ミンコフスキー和は物体 B で物体 A の上をなぞった形状

とに現れる図形である。イメージとしては，物体 B の原点を物体 A の辺上に合わせてぐるっと 1 周させたときにできる軌跡と考えるとわかりやすい。

〔2〕 **ミンコフスキー差**　　さて，実際に衝突検出に用いられるのは，「差」のほうである。定義より先に結論だけを書くと，前述の物体 B の上下左右を反転し，それのミンコフスキー和をとるだけである。図にすると**図 5.7** ようになる。

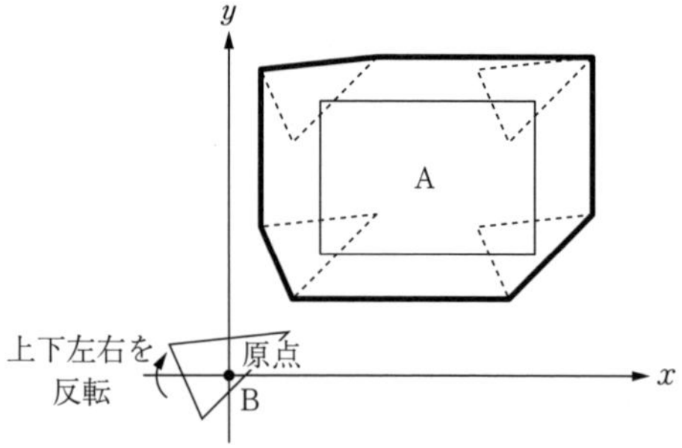

図 5.7　ミンコフスキー差は物体 B を反転して和をとったものに等しい

つぎに，これがなぜ衝突判定に用いられるのかというと，その答えがつぎの**図 5.8** である。図 5.8 は，ミンコフスキー差の形状を物体 B のローカル座標系に移動して座標系の軸を表示したものである。図 5.8 に示すとおり，衝突して

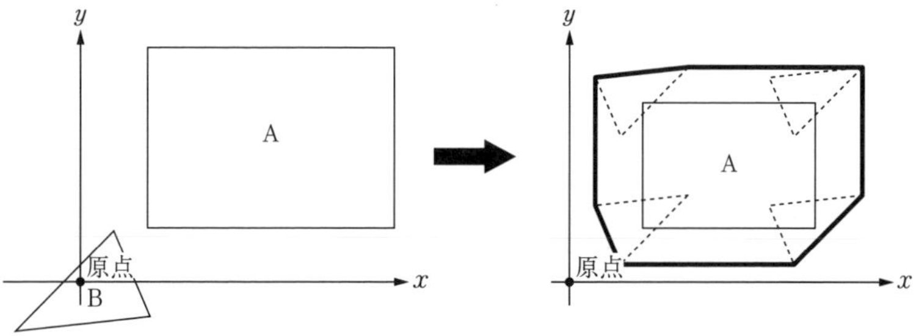

（a） 衝突していないので原点は含んでいない

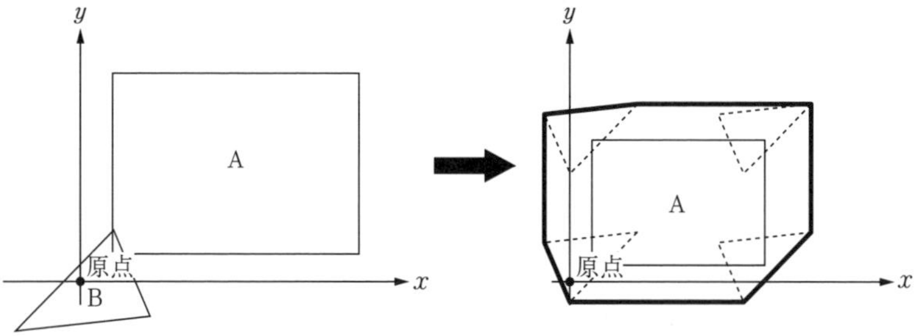

（b） 衝突しているためミンコフスキー差の図形が原点を含んでいる

図 5.8　物体 B のローカル座標系で表したミンコフスキー差の図

いない場合はミンコフスキー差の形状は物体 B のローカル座標の原点を通っていないが，衝突している場合は原点を含んでいることが確認できる。つまり，ミンコフスキー差が物体 B のローカル座標系において原点を通る場合に，物体同士は衝突していると見ることができるわけである。

〔3〕 **貫通深度**　ミンコフスキー差を使うと衝突しているかを判定することができるが，ミンコフスキー差はさらに有用な情報を与えてくれる。衝突を検知した際，衝突後どちらの方向に剛体を動かしたら効率的に衝突を解消できるかの方向も計算しなければならないが，ミンコフスキー差はその方向や距離を計算することが可能である。それには，原点から一番近いミンコフスキー差の面の法線ベクトルを調べればよい。これを**接触法線ベクトル**と呼び，原点から面の表面までの距離を**貫通深度**と呼ぶ。接触法線ベクトルが衝突を解消する最短距離，かつ方向となる。

〔4〕 **接触多面体**　通常，ある程度安定した状態では物体は点ではなく面で接することになる（**図 5.9**）。

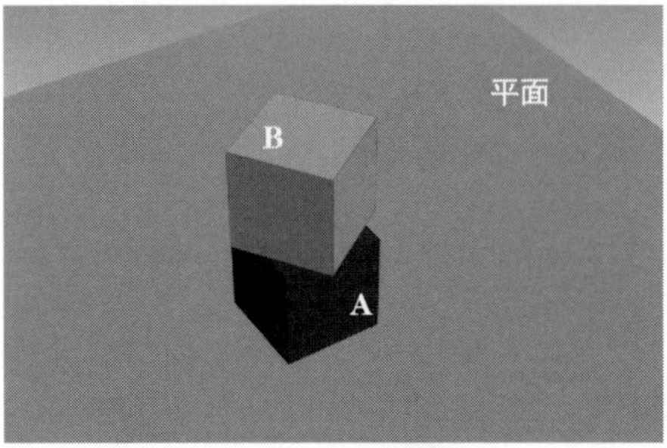

（a） A, B と平面の関係

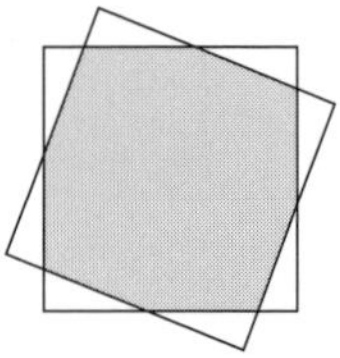

（b） A と B の接触多面体

（c） A と平面の接触多面体

図 5.9　二つの物体の衝突とそれぞれの場合の接触多面体

しかし，衝突点を求めそれに対して衝突を解消すると，その点において撃力が働き別の方向に物体は回転しようとする。すると，安定しているはずのボックスは別の点がめり込み，さらにそこでも撃力が発生して別の回転が生まれる。その結果，安定しているはずのボックスはつねに撃力が至るところで発生し，小刻みに振動することになる。それをイメージにしたのが**図 5.10** である。球が衝突点，矢印が撃力の方向，丸い矢印が回転方向を表す。

このように衝突が繰り返され，安定しなくなるわけである。これは本来，衝突「点」ではなく衝突「面」として解決しなければいけないところを，点のみで解決しようとするために起こる問題である。これを解消するために，面での解決を試みる。なお，この衝突面を**接触多面体**（contact manifold）と呼ぶ。これは，接触している二つの物体の面が多面体になるためにこう呼ばれる。

この問題を解決するために，複数の衝突点をまとめて解消することで安定を図る。つまり，図 5.10 の（a）～（d）の間で発生した点をそれぞれ保持しておき，すべての状態を解消することで安定させるという手法である。局所的に見ると問題の解決にはならないが，シミュレーションを重ね計算回数が増えることで徐々に安定するようになる。

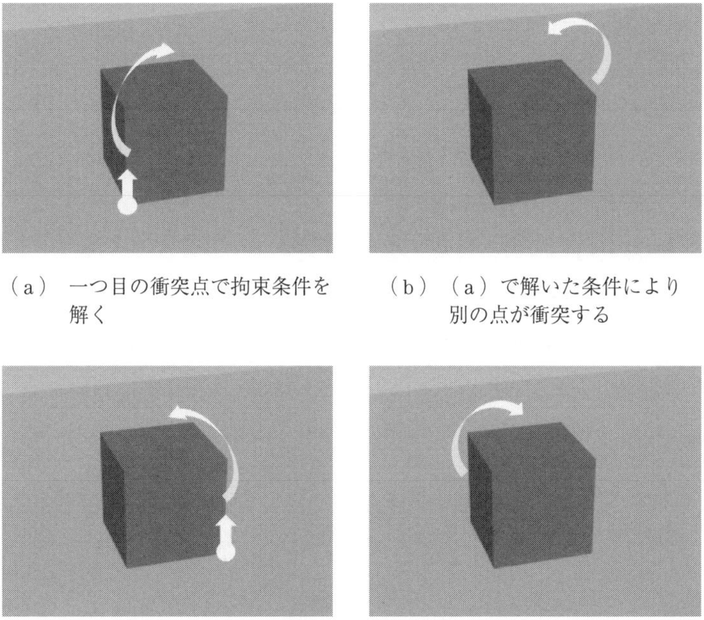

（a） 一つ目の衝突点で拘束条件を解く

（b） （a）で解いた条件により別の点が衝突する

（c） さらに別の点が衝突する

（d） さらに別の点が衝突し回転（以下ループ）

図 5.10　接触多面体の 1 点で拘束条件を解く場合

5.3 弾性体シミュレーション

変形しない剛体だけでも身の回りのさまざまなものをシミュレーションできるが，布や糸，クッションや輪ゴムなどの柔らかいもの（変形するもの）もたくさんある。変形する物体において，変形後にもとの形状に戻る物体のことを**弾性体**（elastic body）と言う。

ここでは，ばね–質点系というモデルを用いて 1 次元，2 次元，3 次元での弾性体を扱う方法と，より安定した方法として位置ベースの方法についても説明する。なお注意点として，剛体と異なり弾性体はその動きを一つの位置と姿勢で表すことはできないので，形状を点とその間の接続により表し，各点の動きで全体の動きを表す。

5.3.1　1次元シミュレーション

力を加えると変形し，離すともとに戻るものとしては，ばね（spring）が一番わかりやすいだろう。物体をばねと**質点**（mass）の集合で表し，各ばねの伸び縮みを計算することで弾性体の変形をシミュレーションする手法を，**ばね–質点系**（mass–spring system）と言う。

例として**図5.11**(a)のような糸をばね–質点系でシミュレーションすることを考えてみる。糸をまず点（図(b)）とそれをつなぐリンク構造で表現することを考える。この状態でも伸び縮みしない糸の動きを再現することは可能だが，もし糸が伸び縮みするとしたらどうだろう？ 糸の伸縮を計算するために，各点の間にばねを設定してみる（図(c)）。こうすると，ばねが伸縮することで全体としての伸縮も計算できることになる。このような方法がばね–質点系と呼ばれ，実装の容易さもあり多くの物理エンジンで用いられている。

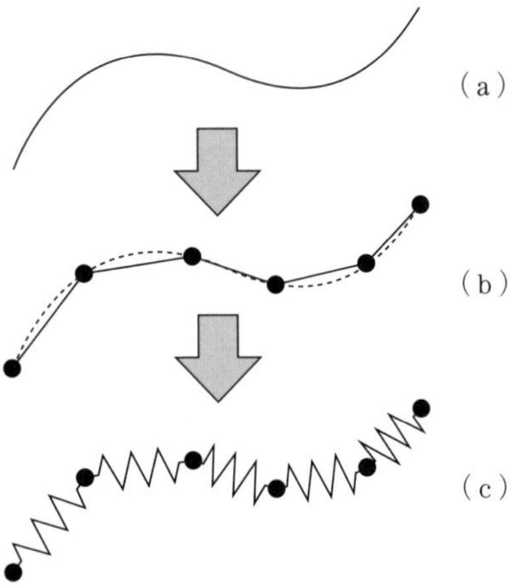

図5.11　質点とばねによる近似

シミュレーションでは，まず各タイムステップの最初に各質点に掛かる外力（重力や空気抵抗，衝突による力など）を計算し，つぎに各ばねごとに下記1)，2）の処理を行う。

1）フックの法則により，ばねに働く力 $\mathbf{F}_{\text{spring}}$ とばねの減衰力 $\mathbf{F}_{\text{damping}}$ を以下の式から求める。

$$\mathbf{F}_{\mathrm{spring}} = \frac{k(|x_{ij}| - l)x_{ij}}{|x_{ij}|} \qquad (x_{ij} = x_j - x_i) \tag{5.11}$$

$$\mathbf{F}_{\mathrm{damping}} = k_d(\mathbf{v}_n - \mathbf{v}_m) \tag{5.12}$$

ここで，x_i は移動する質点，x_j は固定された質点 l はばねの自然長，k はばね係数，$\mathbf{v}_m$ と $\mathbf{v}_n$ は 2 質点の速度ベクトル，k_d は減衰係数である。

2）　両質点の位置と速度を運動方程式に従って更新する。

これが大まかな手順である。上記の処理をすべてのばねについて行ったあと，1 タイムステップ内でさらに何度か繰り返し処理を行うことで，より安定化させることもできる。

5.3.2　2 次元シミュレーション

布のように 2 次元的な広がりをもつ弾性体も，われわれにとっては身近なものである。2 次元弾性体も 1 次元のときと同じくばね–質点系でモデル化できる。2 次元の場合は質点を格子状に配置し，各格子点同士を**図 5.12** のようにばねで接続する。

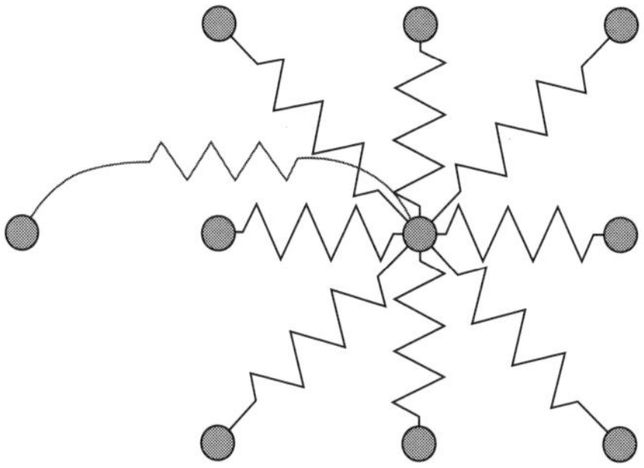

図 5.12　2 次元ばね–質点系

図 5.12 では，中央の点とその周囲の更新点との間に配置されるばねを示している。最も単純なモデルでは，上下左右に接続するばねのみが用いられ，より剛性を強くしたい場合は斜め方向のばねも用いる。

5.3.3　3次元シミュレーション

3次元形状の場合も2次元弾性体のときのように表面上にばねを設定すればよいように思うかもしれないが，それだと物体の体積が保存されず，最終的に形状がつぶれてしまう。これを解決するための手法として，二つのアプローチがある。一つは物体内部にもばねを追加する方法である。形状表面は三角形ポリゴンの集合で表される。内部にばねを追加する場合は，物体内部に四面体メッシュを定義してそのエッジにばねを設定するなどする。二つ目の手法として，表面だけにばねと質点が定義されている場合でも，その体積を保つような力を掛けるという方法がある。例えば，空気を吹き入れられて膨らんだ風船を考えてみる。空気は体積をもち，風船を手で押さえつけようとする，つまり体積を小さくしようとするとそれに対して体積を保とうとするように外に膨らむ力が掛かる。

体積 V と圧力 P に温度 T を加えてその関係を表しているのが，理想気体の**状態方程式**（ideal gas law）である。

$$PV = nRT \tag{5.13}$$

ここで，n は物質の量を表し，単位は mol，R は気体定数である。もし温度が一定とすると同じ物質量ならば

$$PV = const \tag{5.14}$$

と圧力と体積が反比例する（**ボイルの法則**）。体積が小さくなると圧力は大きくなるのは前述の風船の例と一致するので，直感的にも理解しやすいかと思われる。ばね–質点系で表された形状のもとの体積をあらかじめ計算しておき，各ステップで変形形状全体の体積を計算すれば，圧力値が求まる。空気はほぼ圧縮しないと仮定すると，形状内の圧力 P はどこでも均一と考えられるため，表面のある領域に掛かる力 $\mathbf{F}_{\mathrm{pressure}}$ は法線ベクトル $\mathbf{n}$ と表面積 A を用いて

$$\mathbf{F}_{\mathrm{pressure}} = PA\mathbf{n} \tag{5.15}$$

で求められる。質点とばねによって表面上は三角形，もしくは四角形ポリゴンで構成されているので，各ポリゴンに掛かる力を求め，そのポリゴンに属する質点に $\mathbf{F}_{\mathrm{pressure}}$ を振り分ければ体積を保存するように圧力を掛けることが可能となる。

5.4 位置ベースの変形シミュレーション

ばね–質点系のシミュレーションでは，質点に働く力から速度，位置を更新していた。力 $\mathbf{F}$ により質点が動いた場合，その移動に対して

$$U=\int \mathbf{F}\,\mathrm{d}x \tag{5.16}$$

をエネルギー（仕事量）と呼ぶ。$\mathbf{F}=k\Delta x$ より

$$U=\frac{1}{2}k\Delta x^2 \tag{5.17}$$

となる。ばね–質点系をはじめ，**有限要素法**（finite element method：**FEM**）や**有限体積法**（finite volume method：**FVM**）など多くの方法は，このようなエネルギーに基づく方法である。これらの方法は物理法則を支配方程式にしており，物理シミュレーションとしてはその動きが物理的な背景に基づくので安心して使える。一方で，これらの方法では計算が不安定になりがちであるという短所もある。例えば，ばね–質点系では k や Δt の設定次第では質点の振動が時間ステップとともに増大していき，計算自体が破綻してしまうことがある。有限要素法では，変分法と積分を取り入れて計算を安定させているが，その代わりに計算コストが膨大となる。

これらのエネルギーベースの手法に対して，質点の位置自体を直接操作する位置ベースのシミュレーション手法[2)]は計算コストが低く計算も安定していることから，多くのリアルタイム向け物理エンジンで利用されている。ここでは，位置ベースのシミュレーション手法として代表的な**シェイプマッチング法**と **PBD**，**XPBD** を例に弾性体変形シミュレーションを説明する。

5.4.1 シェイプマッチング法

シェイプマッチング法（shape maching method）では点の集合で表される形状を用いる。点だけでよく，ばね–質点系のように質点を接続する必要はない。このような手法は**メッシュレス法**（meshfree method）と呼ばれ，シミュレーション実行中での形状の編集（点の追加/削除）が容易なのが特徴である。ま

た，体積をもつ物体でも内部にメッシュがなくても大丈夫である。ただし，初期状態における点間の位置関係は記録しておく必要がある。

形状を構成する点の座標を $x_k(k=1\sim N)$ とし，その初期形状における座標値を x_k^0 とする。**図5.13**(a)のように四角形状に点が並んでいて（点線は位置関係を示す），それが変形し各頂点が三角の点の位置に移動したとする（図(b)）と，点の移動には回転，平行移動，変形（ひずみ）の三つの成分が含まれ，それぞれの変形を行列とベクトルを使って表すと以下のようになる。

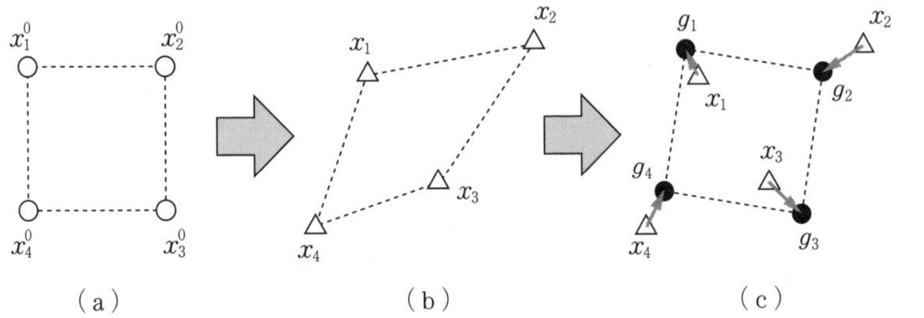

図5.13　シェイプマッチング法の手続き

$$x_k = RS(x_k^0 - x_c^0) + T \tag{5.18}$$

ここで，R と S はそれぞれ回転行列と変形を表す行列，T は平行移動ベクトル，x_c^0 はもとの形状の重心座標である。右辺第1項のかっこの中は，初期座標の重心を原点とした相対座標系に変換している。

弾性体はもとの形状を保とうとするが全体的な移動や回転は発生することから，上式の R と T を既知の x_k，x_k^0 から推定しもとの位置関係 x_k^0 に適用すると

$$g_k = R(x_k^0 - x_c^0) + T \tag{5.19}$$

となり，全体的な移動や回転は許容しつつ変形のみを修正した頂点位置が得られる。これらを目標位置として，図(c)のように変形後の頂点位置 x_k を修正するのがシェイプマッチング法である。

5.4.2　PBD

PBD（position based dynamics）とは布などの表現の際に行われるシミュ

レーションのことで布を頂点の集合体とし，頂点の位置情報をもとに，頂点に掛かる重力などの移動から起こる衝突や接触といった頂点同士の干渉から起こる位置情報と速度の変化，更新を繰り返していくシミュレーションのことである。

解析において，頂点同士の接触などの際に破綻が起こらないように，頂点に拘束条件を与え，位置調整を行いながらシミュレーションを行う。

まず頂点に重力等のシミュレーションを行い，頂点同士の衝突の際，頂点の間に仮想的なばねを設置し，頂点同士の重なりや接触に応じて，たがいに必要な分だけ，たがいを押し合うように力を設定する（**図 5.14**）。

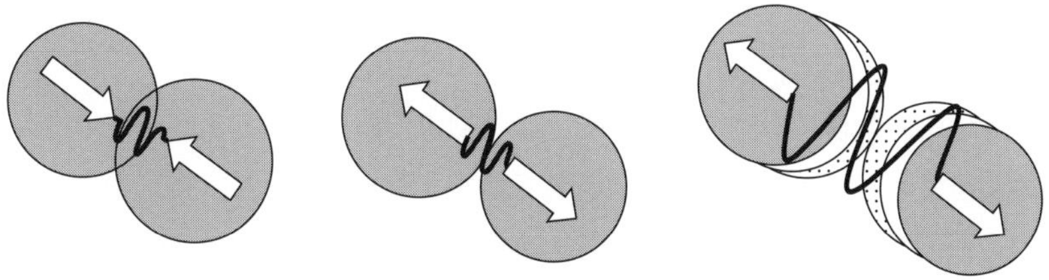

（a）　左頂点の位置の移動　　（b）　中央頂点の位置変化の修正　　（c）　右頂点の速度の修正

図 5.14　PBD の概略図

また，頂点同士が離れすぎた場合，おたがいを引き付け合わせるようにばねの力を設定し，そのために必要な力を速度として更新し，速度から位置の調整を繰り返すことにより物質の表現を行う。$\mathbf{F}_{\mathrm{spring}}$ のばねによる反力はフックの法則を用いてばね定数 k とばねの伸びの長さ d を用いて以下のような式で成り立つ。

$$\mathbf{F}_{\mathrm{spring}} = kd \tag{5.20}$$

つぎに，力を与えられた頂点が，それぞれの得た力をもとに速度の更新を行う。時間ごとの速度を求める際は，時間おきにその頂点がどれほどの速度をもつかという加速度 a を求める必要がある。これは，ばねからなる頂点のもつ力 $\mathbf{F}_{\mathrm{spring}}$，頂点の質量 m を用いたうえで，運動方程式をもとにし，以下の式のように表すことができる。

$$\mathbf{F}_{\text{spring}} = ma \tag{5.21}$$

ここで得た，加速度 a を利用して，時刻 t における速度 v を求める。

$$v = v_0 + ta \tag{5.22}$$

v_0 は初速度，t は経過した時間を意味し，頂点が時間おきに得る速度を求めることができる。つぎに，求めた速度から頂点の移動後の位置を求めることができ，以下のように計算できる。

$$x = x_0 + \frac{(v + v_0)t}{2} \tag{5.23}$$

x_0 は頂点の初期の位置を示しており，そこから，平均速度 $(v + v_0)t/2$ をもとにどれほど進んだかを計算することで，時間ごとの位置 x の計算が可能となっる。

つぎに拘束条件について説明する。頂点同士の間で，離れすぎないような一定の距離で存在させるという拘束条件を設定することにより，物質の伸びの調整が可能となる。つまり，拘束条件の強さから，“柔らかさから硬さ” などの質感の表現の幅を広げることが可能となる。

この法則をもとに計算を行い，いくつかの頂点を周辺同士で実行した場合，一つの頂点同士の間にある拘束条件を満たすと，ほかの拘束条件を満たせない場合がある。その際，近くにある頂点とのつながりからなる拘束条件の処理を順番で繰り返すことによって，剛体をもつオブジェクトを表現することが可能となる。

C_{stretch} を拘束条件，p_1，p_2 を頂点の位置，d_n を頂点同士の位置をつなぐ辺の定常の長さとし，物質などに設定される。拘束条件の式は以下のとおりになっている。

$$C_{\text{stretch}}(p_1, p_2) = |p_1 - p_2| - d_n \tag{5.24}$$

また，この拘束条件の式の値が 0 として成り立つ場合，拘束条件が満たされているという状況にある。仮に拘束条件の数式が成り立たない，つまり，頂点の間の大きさが定常の大きさと異なる場合，頂点同士に弾性力が働くため，頂点の位置を修正させる必要がある。頂点の位置 p_a，p_b を修正するための修正値をΔp_a，Δp_bとするとき，式は以下のとおりに表すことができる。これにより，頂点同士の弾性力からなる位置情報の修正を行う。

$$\Delta p_a = -\frac{w_a}{w_a + w_b}(|p_a - p_b| - d_n)\frac{p_a - p_b}{|p_a - p_b|} \tag{5.25}$$

$$\Delta p_b = +\frac{w_b}{w_a + w_b}(|p_a - p_b| - d_n)\frac{p_a - p_b}{|p_a - p_b|} \tag{5.26}$$

ここで，w_a，w_bは加速度を表す。また，w_iを質量の逆行列とし

$$w_i = \frac{1}{m_i} \tag{5.27}$$

と表すことが可能となる。

ここで，三角形の曲げの制約について説明する。三角形に分割したメッシュのモデルにおいて，それぞれのメッシュに隣接する二つの三角形の法線で形成される角度を2面体角と言う（**図5.15**）。この2面体角の値の制約を曲げの制約として定義することができる。

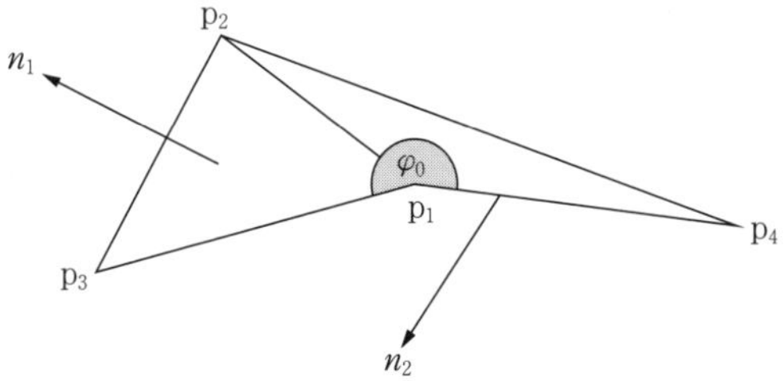

図5.15　曲げの制約の説明図

隣接する三角形の一対の$T_1(p_1,\ p_2,\ p_3)$と，$T_2(p_1,\ p_2,\ p_4)$の曲げの拘束式は，2面体角を求める式からつぎのように定義することができる。

$$C_{\mathrm{bend}}(p_1,\ p_2,\ p_3,\ p_4) = a\cos\left(\frac{(p_2 - p_1)\times(p_3 - p_1)}{|(p_2 - p_1)\times(p_3 - p_1)|}\cdot\frac{(p_2 - p_1)\times(p_4 - p_1)}{|(p_2 - p_1)\times(p_4 - p_1)|}\right) - \varphi_0 \tag{5.28}$$

ここで，φ_0は二つの三角形の間の初期の2面体角を意味する。これで，PBD

のシミュレーションにおいての曲げの定数を計算できる。

つぎに，PBD にアルゴリズムの根幹を簡潔に記述する。PBD においては質量の非線形拘束関数を用いることによって実行される。PBD のアプローチとして，非線形の**ガウスザイデル法**（Gauss-Seidel method）を利用し，各制約の方程式ごとに個別に順次解き続けていく。制約はそれぞれ，それに関連付けされたすべての頂点の位置について，単一のスカラー方程式 $C(x_i)$ をもたらす。この数式で新たに変化値が与えられるとき，$C(x_i+\Delta x_i)$ と，位置変化 Δx_i を求める。

$$C(x_i + \Delta x_i) \doteqdot C(x_i) + \nabla C(x_i) \cdot \Delta x_i \qquad (5.29)$$

位置変化 Δx_i は線形運動量と角運動量の保存の要件でもある T 分のステップ回数をもとに ∇C の方向にあるように制限され，質量行列 $M=\mathrm{diag}(m_1, \cdots, m_n)$ の逆行列で重み付けされる。

$$\Delta x_i = -\lambda w_i \nabla x_i C_i(x)^T \qquad (5.30)$$

$$\lambda = \frac{c(x)}{\Sigma_j w_j |\nabla x_j c(x)|^2} \qquad (5.31)$$

この数式が，PBD の計算の核の部分となる。

PBD のアルゴリズムは以下のようになっている。

```
forall vertices i
initialize xi = xi0, vi = vi0, wi = 1/mi
endfor
loop
forall vertices i do vi ⇐ vi +Δtwifext(xi)
dampVelocities(v1,...,vN)
forall vertices i do pixi +Δtvi
forall vertices i do generateCollisionConstraints(xi ⇒ pi)
loop solverIterations times
projectConstraints(c1,...,CM+Mcoll,p1,...,pN)
endloop
forall vertices i
vi ⇐ (pi-xi)/Δt
xi ⇐ pi
endfor
velocityUpdate(v1,...,vN)
endloo
```

5.4.3 XPBD

先述したPBDの剛体は，修正の反復回数とタイムステップに依存している。これがPBDに対し大きな問題となっている。PBDの中で合成係数を設定したとしても，多くの反復回数が行われた場合は設定した剛体の値を無視して解がどこまでも収束してしまい，より硬い質感になってしまう（**図5.16**）。

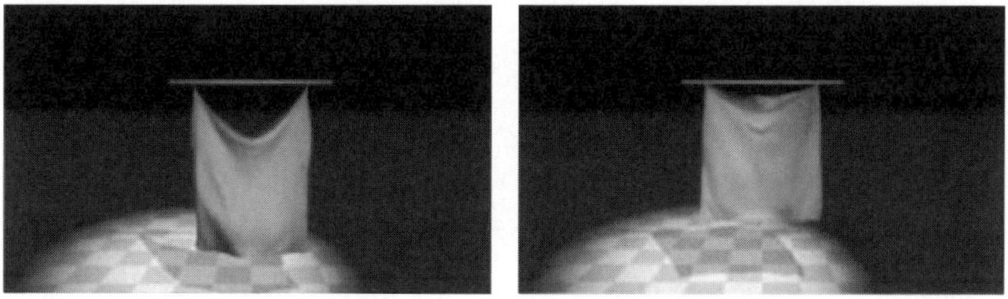

（a） 20回反復　　（b） 160回反復

図5.16 PBDの試行回数による違い（口絵7参照）

布のシミュレーションにおいては，曲がる，伸びるなどの剛体の制約があるが，伸ばす制約を減らすために反復回数を増やす必要がある場合，曲げる制約に対する抵抗を増やしてしまうことになる。これによって，シミュレーションのライブラリに相対的な剛体の設定や，再利用が可能であるライブラリの作成を行うことが困難となる問題点がある。

XPBD（extended position based dynamics）は，PBDに質感を表現するための条件として，**コンプライアンス値**，**ラグランジュ乗数の計算**，**ラグランジュ乗数の更新**を取り入れた数式である[3]。

コンプライアンス値は，物質の弾性のひずみ定数の逆数であり，これを入れることにより，現実で想定される弾性エネルギーに基づいた力の大きさの推定が可能になる。

コンプライアンス値αの求め方は以下のような式となる。

$$\alpha = S-1 \tag{5.32}$$

Sはヤング率，縦弾性係数を意味する。

ラグランジュ乗数とは，λで表し，拘束条件のもとで，最適化を行うためののことである。PBD に拡張として取り入れることで，反復回数や，タイムステップに依存せず，計算を行うことができる。ラグランジュ乗数は，コンプライアンス値を用いて，以下のような式で求められる。

$$\lambda = -\alpha^{-1} C(x) \tag{5.33}$$

ここで，λ は拘束の乗数となる。

つぎに，XPBD における，頂点が運動の際に必要な力である運動エネルギーを求める。運動エネルギーの運動方程式はニュートンの第二法則から算出し，以下のように表す。

$$Mx = -\nabla U^T(x) \tag{5.34}$$

ここで，x は各粒子の位置や方向などの情報を表す。本来の PBD においては，パーティクルの位置情報のみの情報として扱われていたが，ここでは，一般化された座標モデルにおいても表現が可能となる。

勾配演算子 ∇ は偏導関数の行ベクトル，$U(x)$ は各粒子の位置や方向などの情報をもったポテンシャルエネルギーである。方程式（5.34）の位置レベルでの時間積分に陰解法を利用する。陰解法とは，これから起こりうる新たな運動時における仮定の値と，現在の結果として決定された値を未知数と含めて計算を行い，収束させていく方法である。ここで，n はタイムステップにおいての指数を表す。

$$M\left(\frac{x^{n+1} - 2x^n + x^{n-1}}{\Delta t^2}\right) = -\nabla U^T(x^{n+1}) \tag{5.35}$$

XPBD のアルゴリズムを求めるために，運動エネルギー $U(x)$ は拘束関数の制約式，$C = [C_1(x),\ C_2(x),\ \cdots,\ C_n(x)]^T$ を用いて，運動方程式 $U(x)$ を構成させる。

$$U(x) = \frac{1}{2} C(x)^T \alpha^{-1} C(x) \tag{5.36}$$

α は剛性値の逆数に対応する，ブロック正規化のコンプライアンス値である。弾性の運動エネルギーから発する力 f_{elastic} は，x に対して，U の逆勾配により与えられる。

$$f_{\mathrm{elastic}} = -\nabla_x U^T = -\nabla C^T \alpha^{-1} C(x) \tag{5.37}$$

ここで，Servin ら[4)]に従い，ラグランジュ乗数を導入して力を方向成分とスカラー成分に分解し，コンプライアンス制約を以下の式に変換する。

$$\lambda_{\text{elastic}} = -\alpha^{-1} C(x) \tag{5.38}$$

ここで，$\lambda_{\text{elastic}} = [\lambda_1, \lambda_2, \cdots, \lambda_m]^T$ は制約乗数のベクトルである。

式（5.37），（5.38）の数式を使い，離散拘束された運動方程式を導き出すことができる。

$$M(x^{n+1} - x) - \nabla C(x^{n+1})^T \lambda^{n+1} = 0 \tag{5.39}$$

$$C(x^{n+1}) + \alpha \lambda^{n+1} = 0 \tag{5.40}$$

式（5.39），（5.40）を単純化させるために，g, h で表す。

$$g(x, \lambda) = 0 \tag{5.41}$$

$$h(x, \lambda) = 0 \tag{5.42}$$

式（5.41），（5.42）を線形化させ，線形ニュートン部分の問題を導き出すことができる。

$$\begin{bmatrix} K & -\nabla C^T(x_i) \\ \nabla C(x_i) & \alpha \end{bmatrix} \begin{bmatrix} \Delta x \\ \Delta \lambda \end{bmatrix} = -\begin{bmatrix} g(x_i, \lambda_i) \\ h(x_i, \lambda_i) \end{bmatrix} \tag{5.43}$$

ここで，$K = \partial g / \partial x$ である。この数式は，$\Delta x, \Delta \lambda$ の二つを使うことで解くことが可能であり，その結果を更新することができる。

$$\lambda_{i+1} = \lambda_i + \Delta \lambda \tag{5.44}$$

$$x_{i+1} = x_i + \Delta x \tag{5.45}$$

この式は，$\lambda_{i+1} - \lambda_i = 0, x_{i+1} - x_i = 0$ のように，任意の運動方程式を満足する固定点反復である。

つぎに，$g(x_i, \lambda_i) = 0$ と仮定する。この仮定は，$x_0 = x$，$\lambda_0 = 0$ で初期化した場合，最初のニュートン反復では自明である。さらに，もし制約勾配がゆっくり変化するならば，それは小さいままであり，それらが一定であるときはゼロになる。

さらに，この修正線形系は現在の反復子 x_i から始まる制約多様体に対する質量加重最小化に対する最適化条件に対応する。この変分的な視点は，Goldenthal ら[5)]によって詳細に議論され，本アルゴリズムは fast projection アルゴリズムの準拠版と見なすことができる。

$$\begin{bmatrix} M & -\nabla C^T(x_i) \\ \nabla C(x_i) & \alpha \end{bmatrix} \begin{bmatrix} \Delta x \\ \Delta\lambda \end{bmatrix} = -\begin{bmatrix} 0 \\ h(x_i, \lambda_i) \end{bmatrix} \tag{5.46}$$

シミュレーションを行う場合，左の数列は普遍的である。そのとき式（5.46）は，**シューア補行列**（Schur complement）を利用する。

その後，次元的に縮小された系を求めて，ラグランジュ乗算の補正を行う。

$$[\nabla C(x_i)M^{-1}\nabla C(x_i)^T + \alpha]\Delta\lambda = -C(x_i) - \alpha\lambda_i \tag{5.47}$$

最終的に，位置に対し，制約条件の補正量Δxを求めることができる。

$$\Delta x = M^{-1}\nabla C(x_i)^T\Delta\lambda \tag{5.48}$$

指数をj，制約となる$\Delta x = M^{-1}\nabla C(x_i)^T\Delta\lambda_j$に対し，拘束の位置投影を行う。更新するラグランジュ乗算による拘束式は，以下のようになる。

$$\Delta\lambda_j = \frac{-C_j(x_i) - \alpha_j\lambda_{ij}}{\nabla C_j M^{-1}\nabla C_j^T + \alpha_j} \tag{5.49}$$

これが，XPBDにおいての核の数式となる。PBDのスケーリングの式にラグランジュ乗算を加えた式であるのがわかる。

また，XPBDのアルゴリズムは以下のようになっている。

```
predict position x̃ ⇐ xn+ Δtvn + Δt2M−1 fext(xn)

initialize solve x0 ⇐ x̃
initialize multipliers λ0 ⇐ 0
while i < solverIterations do
for all constraints do
compute Δλ using Eq
compute Δx using Eq
update λi+1 ⇐ λi + Δλ
update xi+1 ⇐ xi + Δx
end for
i ⇐ i + 1
end while

update positions xn+1 ⇐ xi
update velocities vn+1 ⇐ 1Δt xn+1−xn
```

5.5 非周期的空間充填と XPBD を用いた弾性凝集体のプロシージャルモデリング

本節では，流体シミュレーションに関する研究事例として「非周期的空間充填と XPBD を用いた弾性凝集体のプロシージャルモデリング」を紹介する[6)]。和食の代表的な食材である「炊き立てのご飯（米）」をはじめ，凝集体を形成するシーンが多い「いくら」や「かき氷」のような食材を表現対象として，写実的な凝集体をアーティストの手作業に頼ることなくモデリングからシェーディングまでをプロシージャルに制作する手法である。

まずはじめに，凝集体を生成するために櫻井らの手法[7)]をもとに，非周期的な空間充填法によって要素となるオブジェクト（1 粒の米，1 粒のいくら，1 片の氷など）を配置する。その後，XPBD を用いて，オブジェクトの摩擦力と弾性を考慮した再配置計算を行う。

要素となる個々のオブジェクトのモデリングでは，粗いポリゴンモデルをベースとして，パラメータの違いによってさまざまな形状を生成できるプロシージャルなモデリング法を使用している。

本モデリング法の詳細は，表現対象によって異なるものとなるが，プロシージャルに種々の形状を生成可能である点は汎用性がある。例えば米の場合，米粒の電子顕微鏡画像を参照して作成した解像度の粗いポリゴンモデルをベースとし，ベースモデルの表面をパーティクルで充填してボリュームデータ化し，**レベルセット法**（levelset method）による再表面化を行う。これにより，多孔質構造を考慮した形状の異なる米粒モデルを作成することが可能となる。

シェーディングに関しては，水分率を考慮した**曲率依存反射関数**（curvature dependent reflectance function, CDRF）による **SSS**（sub-surface scattering）プロシージャルシェーダーを用いる。

本手法により，個々のオブジェクト形状をプロシージャルにモデリングし，それを数学的なアプローチによる空間充填法と XPBD による位置ベースのシミュレーションによって，長時間の力学ベースの物理シミュレーションを行うことなく柔軟物体の凝集体として再現することが可能となった。具体的には，大量の米粒が茶碗に盛られた炊き立てご飯やおにぎり，および寿司のシャリ，イクラ（**図 5.17**）などが写実的に表現可能となり，各種のエンターテインメントコンテンツで利用ができるだけでなく，飲食店のメニューサムネール画像への応用やメニュー作成の工程への応用も可能となった。

図 5.17　シミュレーション画像例（口絵 8 参照）

演 習 問 題

〔**5.1**〕 衝突検出の際，形状を包み込む単純な形状を境界ボリュームと呼ぶが，境界ボリュームにはどのような種類があるか答えよ。

〔**5.2**〕 図 5.5 に示した Houdini での実装例を「0501_EnshuQ_RBD.hip」として配布する。このサンプルファイルを convex hull による衝突検出ではなく，凹面（concave）による衝突検出に変更せよ。

6章 コンピュータビジュアリゼーション

◆本章のテーマ

CG の技術を用いて，数値データを視覚的に解析するコンピュータビジュアリゼーション（可視化）について概説する。ビジュアルシミュレーションと可視化の目的の違い，可視化処理の流れ，可視化の特徴などについて理解する。

◆本章の構成（キーワード）

6.1　コンピュータによる可視化
　　コンピュータビジュアリゼーション，サイエンティフィックビジュアリゼーション，情報可視化，CG と可視化，可視化の分類

6.2　科学技術データのディジタル表現
　　格子構造，バイリニア補間，トリリニア補間，データ特性による分類

6.3　サイエンティフィックビジュアリゼーション
　　可視化の特徴，データフローパラダイム，伝達関数

◆本章を学ぶと以下の内容をマスターできます

☞　コンピュータビジュアリゼーションの分類
☞　データの離散的表現
☞　サイエンティフィックビジュアリゼーションの特徴
☞　可視化処理の流れ

6.1 コンピュータによる可視化

6.1.1 CG と可視化

計測機器や計算機環境の発展により，実験や計算によって得られるデータは膨大化する一方であり，これらのデータを効率的・効果的に解析するための技術が必要とされている。特に，数値データをコンピュータ上で画像化し，視覚的にデータの解析を行うことを可能にする技術である**コンピュータビジュアリゼーション**（computer visualization）は，数値計算結果の解析には必要不可欠なものとなってきている。なお，本書ではコンピュータビジュアリゼーションを単に**可視化**（visualization）と呼ぶ。

コンピュータ上でデータを描画するためには，CG 技術が利用される。一般的なエンターテインメント向け CG と可視化のための CG は，画像を生成するという点では同じであるものの，その目的は大きく異なる。

シミュレーションに基づく CG では，より現実に近い画像を生成することが目的である場合が多いが，可視化は，データがもつ情報をわかりやすく適切に表現するような画像を生成することを目的としている。例えば，水の流れのシミュレーションデータを用いる場合，CG 画像では水面における光の反射や透過などを考慮し，よりリアルな画像を生成するのに対し，可視化では，水の流れの方向や速度といった水の挙動を解析することが目的となる。そのため，流れの方向を矢印で表示したり，速度によって色付したりするなどして，それらの情報をわかりやすく表現した画像が生成される。

このように，同じシミュレーションデータを扱う場合も，現実世界に近いリアルな画像を生成することを目的としているのか，データを解析するために画像を利用するのかによって，生成される画像は大きく異なってくる。

6.1.2 可視化による理解の流れ

6.1.1 項で述べたように，可視化の目的は，対象とするデータからなんらかの情報を含んだ意味のある画像を生成することである。例えば，ある脳疾患患者の病変を知るために，CT 画像から作成された 3 次元データを可視化する場合，頭蓋骨を可視化するだけではなく，その内部にある病変部分がわかるような可視化結果を生成する必要がある。このような場合は，現実世界に近い画像ではなく，病変部分を強調表示するなどの工夫が施される。

一般的に，データの解析に必要な画像が 1 回の可視化処理で生成されることはほとんどなく，ユーザが結果画像を見ながら可視化のパラメータ値を調整することで，処理を繰り返し行い，目的の画像を獲得する。**図 6.1** は，可視化により，ユーザがデータに含まれる情報を理解するまでの流れを表している[1]。

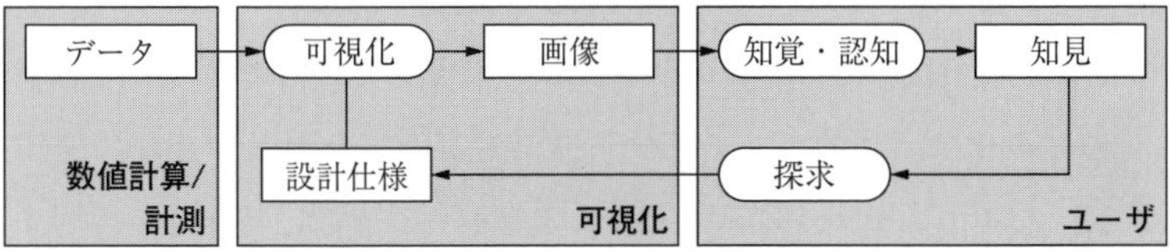

図 6.1　可視化による理解の流れ[1]

数値計算や実験・計測などで得られたデータは，コンピュータに読み込まれ，可視化され，画像に変換される。それをユーザが知覚・認知し，なんらかの知見や洞察を得る。そして，さらなる情報の探索が必要であれば，可視化パラメータ値を調整したり，可視化方法を変更しながら，再び可視化画像を生成し，同様の処理を繰り返す。解析対象のデータに，目的とする情報が含まれていない場合には，データ生成に戻り，新たなデータを生成することもある。先にも述べたように，ここで重要となるのは，可視化は画像を生成することが目的ではなく，ユーザがなんらかの知見や洞察を得ることを目的としていることである。このように，可視化処理は単純なコンピュータ内での処理ではなく，人間（ユーザ）も含めた処理であることを念頭においておくべきである。

6.1.3　可視化の分類

コンピュータによる可視化は，**サイエンティフィックビジュアリゼーション**（scientific visualization）と**情報可視化**（information visualization）の大きく二つに分類することができる。サイエンティフィックビジュアリゼーションは，実験計測や数値計算などによって生成された科学技術データに潜む情報を可視化する技術である。一般的に，医用データや工業製品データなど，2次元または3次元などの物理的な空間情報をもつデータを対象とし，空間的な次元を維持しながら可視化される。一方，情報可視化は，抽象的な時空間構造をもつ大規模データに潜む有用な情報を可視化する技術であり，Webのアクセス履歴や為替変動などさまざまな分野で利用されている。サイエンティフィックビジュアリゼーションとは対照的に，データ分布が物理的な空間に依存しないため，さまざまなタイプのデータを扱うことが可能である。

1～5章では，おもに自然界のシミュレーションを扱ってきた。このようなデータの可視化は，サイエンティフィックビジュアリゼーションに分類される。以下，サイエンティフィックビジュアリゼーションに特化して説明する。

6.2　科学技術データのディジタル表現

6.2.1　標本点の取得

解析する対象が実現象である場合，コンピュータ内で再現するためには，データを離散化する必要がある。すなわち，実際の空間に標本点をとり，その

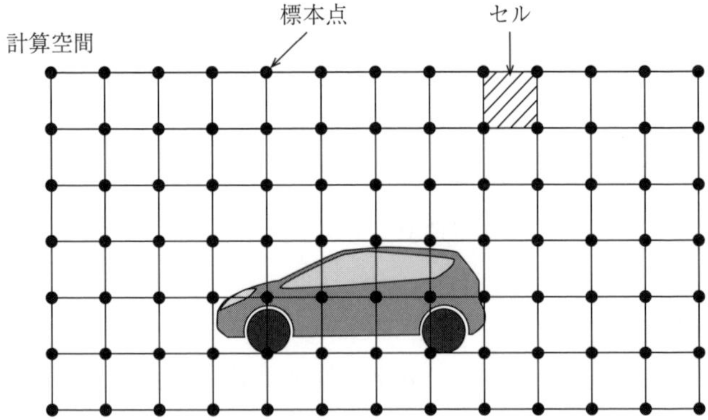

図 6.2　実世界と標本点

点における物理量をデータとして利用する。**図6.2**に，実世界と標本点の関係例を示す。同一空間を表現する標本点数が増加するほど，データの解像度は高くなる。各標本点は，温度，圧力，速度といったように，複数の物理値を同時にもつことができる。

一般的に，標本点はある規則に従って決められる。このような標本点の並びを**格子構造**と呼ぶ。**図6.3**に格子構造のイメージ図を示す。格子構造は，**構造格子データ**（structured data），**非構造格子データ**（unstructured data），**無構造データ**（general data）の三つに大別できる。構造格子データおよび非構造格子データは，隣接する標本点同士が接続情報をもつようなデータである。隣接する標本点が生成する最小単位の要素を**セル**（cell）と呼ぶ。一方，無構造データは標本点同士の接続情報をもたないようなデータである。

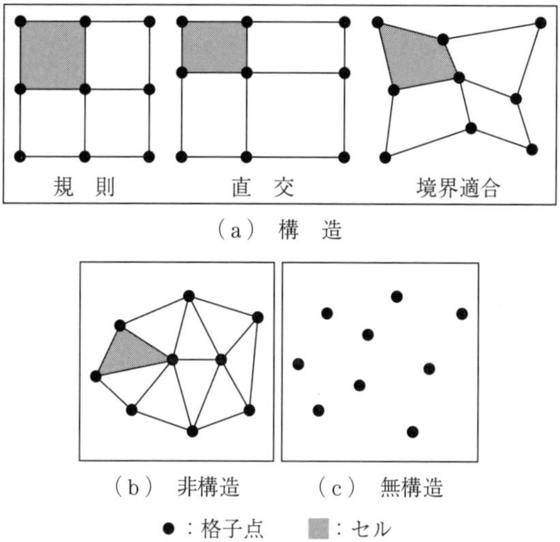

図6.3 データの分類

構造格子は，格子の間隔や位置関係に一定の意味があるような標本点のとり方であり，非構造格子を用いた場合に比べて，一般的に計算時間が短くできる場合が多い。非構造格子は，物体の形状が複雑な場合に用いられることが多く，物体の形状に合わせて，格子が作成される。無構造データは，計算空間内の動的に物体が複雑に変形する場合や，原子や分子といった粒子を表す場合に使用されることが多い。

構造格子は，さらに，格子間隔が等間隔な**規則格子**（regular grid），格子同士は直交しているが，間隔が一定ではないものを**直交格子**（rectilinear grid），格子同士は直交していないが，各軸方向の格子点数が一定であるものを**境界適合格子**（curvilinear grid）と呼ぶ。

一般的に，現象を細かく解析したい領域や物体の周りなどでは構造格子の間隔を狭くしたり，非構造格子を用いることで，制度の良い計算が可能になる。また，興味のない領域やあまり大きな変化がない領域では格子間隔を広くした直交格子を用いたりすることで，計算負荷を軽くすることが可能になる。

6.2.2　標本点以外の物理値の補間

コンピュータ内ではデータが離散化されており，任意のすべての位置の値を保持しているわけではない。そのため，標本点以外の値は補間によって求める必要がある。一般的には，近接する標本点の値から，任意の位置の値を算出する。ここでは，構造格子データに特化して説明する。以下，2次元および3次元データのセルの標本点とその物理値を**図 6.4** のように定義して，説明を行う。なお，図中黒丸が標本点，$g_{00}, \cdots, g_{11}, g_{000}, \cdots, g_{111}$ は各標本点に与えられた物理値とする。

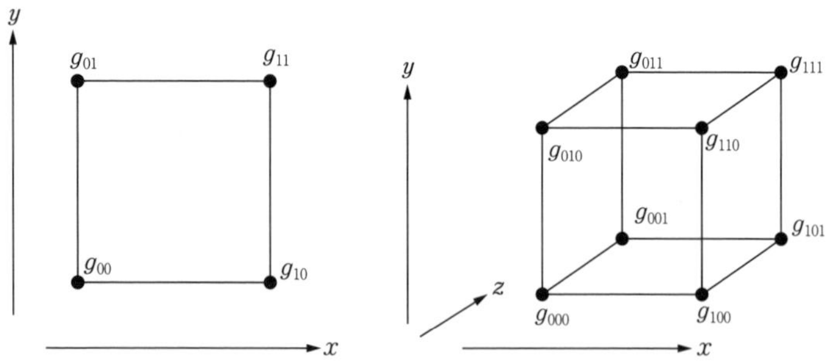

（a） 2次元データ　　　（b） 3次元データ

図 6.4　標本点における物理値の定義

〔1〕 **バイリニア補間**　2 次元データの補間には，セル内の値を線形に補間する**バイリニア補間**（bilinear interpolation）が広く用いられている。以下，格子間隔 1 の規則格子でのバイリニア補間について説明する。

図 6.4(a)のように，セルを構成する四つの標本点の物理値を $g_{00}, g_{10}, g_{01}, g_{11}$ と定義すると，セル内の任意の点（x, y）の物理値 g（x, y）は次式で求めることができる。なお，セル内の座標は x, y 座標とも［0, 1］に正規化されているものとする。

$$
\begin{cases}
g(x,y) = c_0 + c_1 x + c_2 y + c_3 xy \\
c_0 = g_{00} \\
c_1 = g_{10} - g_{00} \\
c_2 = g_{01} - g_{00} \\
c_3 = g_{11} - g_{10} - g_{01} + g_{00}
\end{cases}
\tag{6.1}
$$

例えば，**図 6.5** に示すデータにおける，点（1.8, 0.5）の物理値を考える。点（1.8, 0.5）が含まれるセルの 4 標本点の物理値は，$g_{00}=9, g_{10}=4, g_{01}=15, g_{11}=10$ である。また，格子間隔は x, y のいずれも 1 であるので，各セル内の座標値を［0, 1］に正規化すると

$$(1.8, 0.5) \rightarrow (1.8-\lfloor 1.8 \rfloor, 0.5-\lfloor 0.5 \rfloor) = (1.8-1.0, 0.5-0.0) = (0.8, 0.5)$$

となる。ここで，$\lfloor x \rfloor$ は，x を超えない最大の整数値，すなわち，x の整数部分である。以上の数値を式（6.1）に代入すると

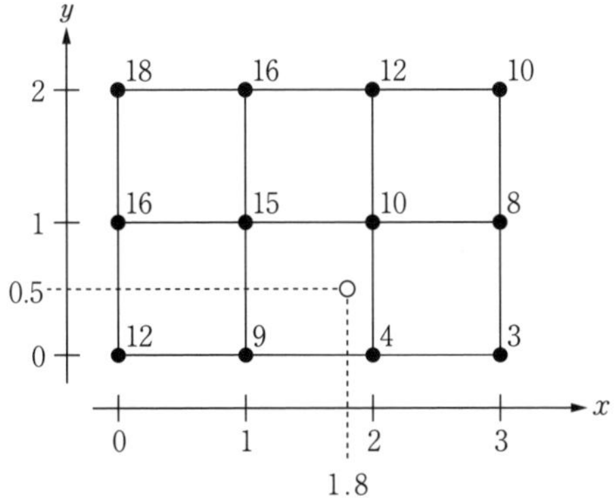

図 6.5　バイリニア補間の例

$$
\begin{cases}
c_0 = g_{00} = 9 \\
c_1 = g_{10} - g_{00} = 4 - 9 = -5 \\
c_2 = g_{01} - g_{00} = 15 - 9 = 6 \\
c_3 = g_{11} - g_{10} - g_{01} + g_{00} = 10 - 4 - 15 + 9 = 0 \\
g(0.8, 0.5) = 9 - 5 \times 0.8 + 6 \times 0.5 + 0 \times 0.8 \times 0.5 = 8
\end{cases}
$$

となり，点（1.8, 0.5）における物理値は 8 と求められる。

〔2〕 **トリリニア補間**　3 次元データの補間には，**トリリニア補間**（trilinear interpolation）が広く用いられている。以下，2 次元の場合と同様に，格子間隔 1 の規則格子でのトリリニア補間について説明する。

図 6.4（b）のように，セルを構成する八つの標本点の物理値を $g_{000}, \cdots, g_{111}$ と定義すると，セル内の任意の点（x, y, z）の物理値 g（x, y, z）は次式で求めることができる。

$$
\begin{cases}
g(x, y, z) = c_0 + c_1 x + c_2 y + c_3 z + c_4 xy + c_5 yz + c_6 zx + c_7 xyz \\
c_0 = g_{000} \\
c_1 = g_{100} - g_{000} \\
c_2 = g_{010} - g_{000} \\
c_3 = g_{001} - g_{000} \\
c_4 = g_{110} - g_{100} - g_{010} + g_{000} \\
c_5 = g_{011} - g_{010} - g_{001} + g_{000} \\
c_6 = g_{101} - g_{001} - g_{100} + g_{000} \\
c_7 = g_{111} - g_{011} - g_{101} - g_{110} + g_{001} + g_{010} + g_{100} - g_{000}
\end{cases}
$$

なお，セル内の座標は x, y 座標とも［0, 1］に正規化されているものとする。

6.2.3　データの特性による分類

科学技術データを可視化する場合，そのデータの特性に応じて利用できる可視化技法が異なってくる。そのため，可視化対象とするデータがどのような特性をもっているかを把握しておく必要がある。ここでは，可視化技法選択に必要となる四つのデータの分類法を紹介する。

〔1〕 **空間次元**　科学技術データは，対象とする物理空間の次元によって分類することができるサイエンティフィックビジュアリゼーションで利用されるデータは，おもに2次元および3次元のデータである。3次元データは，その3次元空間内に断面をとることで，2次元データとして扱うこともできる。逆に，2次元データを並べることにより，3次元データを生成することもできる。例えば医用画像であるCT（computed tomography）データは，一般に水平方向の2次元データとして保存されているが，それらを高さ方向に積み上げることにより，3次元データを生成することができる。

空間次元が異なると，描画に用いるべきプリミティブも異なってくる。例えば，2次元空間内では線であったものが，3次元空間内では面で表現するべきであったり，3次元空間内で線を描画すると奥行方向の位置がわかりにくいため，チューブ状の形状にするなどの工夫が必要となる。4次元以上の次元をもつ多次元データは，われわれが存在する3次元空間内にそのまま描画することは困難であるため，実際の物理空間に則した描画方法ではなく，2次元平面や3次元平面に投影するなどの，なんらかの工夫をした描画方法が必要とされる。

〔2〕 **時間変化**　物理的な空間の次元のほかに，時間軸を考えると，それぞれのデータは，単一時刻を表す場合と，複数時刻のデータを組み合わせて時系列のデータを表す場合がある。時系列データでは，時間軸を1次元として考え，2次元時系列データを3次元データとして扱う場合や，3次元時系列データを4次元データと呼ぶ場合もある。

時系列データの可視化では，静止画だけではなくアニメーションを利用することにより，時間変化を表現することも多い。

〔3〕 **格子構造**　6.2.1項で述べたように，データによって標本点の取り方，すなわち，格子構造が異なる。同じ可視化技法であっても，格子構造の特徴を利用することにより，可視化処理を高速に行うことができる。例えば，2次元データにおいて疑似カラーコーディング（詳細は8.1.2項を参照）でデータ全体を色付けするような可視化結果を求める場合，規則格子であれば，隣接する4点の値からその内部の色を決定すればよいが，無格子データでは，

任意の点の色は近くに存在する標本点の位置を求め，その物理値から決定する必要がでてしまう。同じ可視化技法であっても，格子構造が異なれば描画時に行う処理（アルゴリズム）が異なってくる。

〔4〕 **物理値の次元**　標本点の物理値に関しては，その値がスカラー，ベクトル，テンソルのいずれであるかで分類することができる。スカラーは温度や圧力などのように，一つの標本点ではただ一つの数で表されるものである。ベクトルは速度や力のように，向きと大きさをもつような値であり，2次元であれば二つの数，3次元であれば三つの数の組として表現される。テンソルはスカラーやベクトルをさらに高次にしたものであり，多次元の配列として表現される。なお本書では，テンソルの可視化技法については扱わないものとする。

6.3 サイエンティフィックビジュアリゼーション

6.3.1 可視化の四つの特徴

自然現象の解明や，工業製品の開発，医用データの解析などでは，温度や圧力，密度，速度などといった物理的な数値を獲得し，解析を行う必要がある。実世界において，これらの数値データを獲得するためには，その現象に応じた機器を利用する必要がある。例えば，星を観察する場合には望遠鏡，人間の体内を見る場合には内視鏡，微生物を観察する場合は顕微鏡といった具合である。また，それぞれの現象の時間的な変化を追う場合には，それらの現象が終了するまで観察をし続けなければならない。例えば，銀河同士の衝突は何十億年，原子の衝突は人間が認識できないほど短時間の出来事であるように，それぞれの現象の持続時間もさまざまである。コンピュータによる可視化では，どのような空間的，時間的なスケールをもつデータであっても，同じ可視化技法が利用できるという利点がある。このような特徴を，**時空間独立性**（spatio-temporal independency）と呼ぶ。

あるデータを可視化する場合，その方法は一つとは限らない。例えば，川の流れ可視化する場合には，流れの方向を矢印で表現することもできるし，それらを結んだ曲線として表現することもできる。あるいは，葉っぱが川を流れるように，川の流れに沿って物体を配置することも可能である。このように，どのような表現方法を用いて可視化を行うかは，可視化を行うユーザ自身が決定することができ，対象を観察する位置や向き（CG におけるカメラの位置や向き）をどこに設定するかも，ユーザの自由に決めることができる。すなわち，コンピュータによる可視化は，ユーザは興味がある領域を好きなように好きなだけ観察することができる**第一人称性**（first person view）をもっている。

実世界で対象を観察する場合には，その観察領域に機器などを配置しなければならない例も少なくない。例えば，航空機の機体周りの圧力を解析する場合には，圧力を測定するためのセンサを配置したり，感圧塗料を塗るなど，実際に知りたい現象の中には不要な物体を観測領域へ持ち込む必要がある。また，機体周りの空気の流れを可視化する場合には，機体周辺に煙を流すなどして，煙の揺れ具合で空気の流れを可視化する。しかし，コンピュータ内で観察領域を再現すれば，通常では現象が変化してしまうために入り込めない観察領域の中も可視化することができる。言い換えれば，コンピュータによる可視化は，観察領域に対して影響を与えない**非侵襲性**（non-invasiveness）を兼ね備えている。

実験などの実世界の観測では，実験環境や状況の微妙な違いから，実験結果が異なってくる場合がある。例えば，ある室内の風の流れを完全に再現しようとした場合，まったく同じ配置の室内を再現したり，まったく同じ温度や風速で風を流す必要であるが，これらを完全に一致させることは，至難の技である。しかし，コンピュータ内では何度でも同じ可視化結果を生成できる**再現性**（reproducibility）をもつ。これにより，使用した可視化技法やパラメータ値などの情報さえあれば，ほかのユーザが可視化した結果を完全に再現することも可能である。

6.3.2 可視化処理の流れ

サイエンティフィックビジュアリゼーションでは，さまざまな時空間スケールのデータを扱うことが可能である。いずれのデータにおいても，一般的には**データフローパラダイム**（dataflow paradigm）と呼ばれる，一連の流れに基づいて可視化処理が行われる。具体的には，**図6.6**に示すように，**データ入力**（data input），**フィルタリング**（filtering），**マッピング**（mapping），**レンダリング**（rendering）の大きく四つのステップに分類される。以下，それぞれのステップについて説明をする。

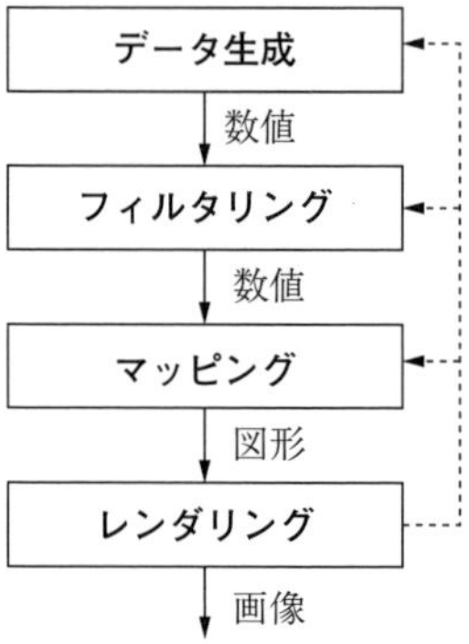

図6.6　可視化処理の流れ

〔1〕 **データ入力**　　データ入力では，実験や数値計算などで生成されたデータの読み込みを行う。このとき入力されるデータは，6.2節で述べた，2次元または3次元物理空間上の標本点上の物理値（数値データ）の集合として表される。ただし，材質や物性の違いを表すために，インデックスとして文字列が使用されることもある。

〔2〕 **フィルタリング**　　フィルタリング処理は，入力されたデータの物理値になんらかの演算を施し，新たな数値データを生成する処理である。例えば，大規模なデータのうち，解析に必要となる空間がその一部であるような場合には，データの一部を抽出する領域抽出処理を行う。一方，すべての空間を解析する必要があるが，データのサイズが大きすぎるような場合には，そのサイズを縮小するために，標本点のサンプリング間隔を変更してリサンプリングする**ダウンサイジング**（downsizing）処理を行う。そのほか，データがもつ物理値から，新たな物理値を導出したり，数値演算によりノイズを除去する処理

などもフィルタリングにあたる。

〔3〕 **マッピング** マッピング処理は，数値データを描画プリミティブに変換する処理である。例えば，2次元データで等しい値をもつ領域を線で結ぶ等高線を求めるときには，数値データを線という描画プリミティブに変換する。また，3次元データで等しい値をもつ領域を面として抽出する場合には，数値データを面という描画プリミティブに変換することになる。与えられた数値データをどの描画プリミティブに変換するかは，それぞれの可視化技法によって異なる。すなわち，このマッピング処理が数値データを画像としてどのように表現するかを決める，可視化における最も重要な処理であるといえる。具体的な可視化技法が，数値データをどのような描画プリミティブに変換するかについては，7章および8章で詳細に説明する。

〔4〕 **レンダリング** レンダリング処理は，マッピング処理で変換された描画プリミティブを，ディスプレイ上に描画する処理を行う過程である。描画プリミティブを描画する際には，そのプリミティブをどのような色や不透明度で表現するのか，どの視点から見るのか，どの位置から照明を当てるのかなどといった情報も決める必要がある。一般的な可視化システムでは，ユーザのマウス操作により，視点位置や照明位置を変更することができる。同様に，色や不透明度に関しても，ユーザが変更を加えることができるが，その与え方により得られる結果画像が大きく異なる場合がある。

以上の四つのステップは，一方向に行われるだけではなく，適宜，前のステップに戻りながら実行される。例えば，得られた可視化結果を見て，異なる技法を用いたほうがよい場合はマッピング処理へ，データのダウンサイズをしたほうがよければフィルタリング処理へ，データ自身の誤りを発見した場合はデータ生成へ戻りながら，適切な可視化結果を生成していく。

6.3.3 物理値の可視化表現

標本点に与えられた物理値をディスプレイ内で表現するためには，目に見える形に物理値を変換しなくてはならない。代表的な方法として，物理値を描画プリミティブに変換する方法と，色や不透明度に変換する方法の2種類が考えられる。以下，それぞその方法について簡単に説明する。

〔1〕 **描画プリミティブへの変換**　物理値を目に見えるものに変換する方法として，数値を線や面などの描画プリミティブに変換することが考えられる。例えば，地図の等高線データは，一つのつながった線が同じ標高であることを表している。これは，ある特定の物理値をもつ地図上の領域を，線という描画プリミティブを用いて表現していると考えられる。また，標本点上に物理値に応じた大きさの球を配置することは，物理値を球という描画プリミティブの大きさに変換していると考えられる。

〔2〕 **色や不透明度への変換**　物理値を視覚的に表現する別の方法として，数値を色や不透明度に変換することが考えられる。入力された物理値をどのように色や不透明度に変換して出力するかを決定する関数を**伝達関数**（transfer function）と呼ぶ。一般的に，物理値を色によって表現する場合には，なんらかの描画プリミティブを色付けて描画する。例えば，特定の面に，その面上の物理値を色に変換して色を塗るなどである。可視化において，伝達関数の設計は大変重要な問題であり，どのように物理値を色や不透明度に変換するかによって，得られる可視化結果が大きく異なってくる。

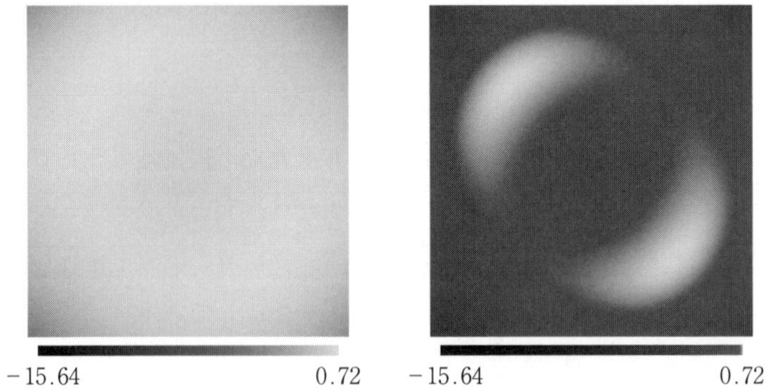

（a） 伝達関数1　　（b） 伝達関数2

図6.7　伝達関数の違いによる可視化結果画像の違い（口絵9参照）

図 6.7 は，ある平面上の物理値を色に変換して描画した結果で，それぞれの物理値に割り当てる色を変化させている。図(a)では，全体が似たような色になってしまい，色から物理値の分布を捉えることは困難である。一方，図(b)は図(a)に比べて，物理値の分布がわかりやすいものとなっている。このように，伝達関数の設定の仕方によって，本来あるべきものを捉えられなくなってしまうおそれがある。

演 習 問 題

〔6.1〕 サイエンティフィックビジュアリゼーションの特徴を四つ挙げよ。また，それぞれの内容について簡単に述べよ。

〔6.2〕 サイエンティフィックビジュアリゼーションにおける一連の処理過程のことをなんと呼ぶか？ また，それぞれで行われる処理について簡単に述べよ。

〔6.3〕 図 6.6 の 2 次元サンプルデータにおいて，点 (2.5, 1.4) の物理値をバイリニア補間を用いて求めよ。

7章 ベクトル場の可視化

◆本章のテーマ

ベクトル場は，速度のような，向きと大きさをもつような数値が与えられている場であり，例えば，物体周りの空気の流れや，磁力の方向などが挙げられる。本章では，ベクトル場の代表的な可視化技法について解説する。まず，2次元ベクトル場の可視化技法である，矢印表示，流線表示，LIC法について説明し，続いて3次元ベクトル場の可視化技法であるヘッジホッグ法，および，3次元空間における流線表示方法について述べる。本章の目的は，それぞれの可視化技法の特徴を理解するとともに，3次元ベクトル場や，時刻変化するベクトル場の可視化における注意点を学ぶことである。

◆本章の構成（キーワード）

7.1　2次元ベクトル場

　　矢印表示，流線表示，LIC法

7.2　3次元ベクトル場

　　ヘッジホッグ法，流線表示

7.3　時系列データ

　　非定常流，流跡線，流脈線，粒子追跡法

◆本章を学ぶと以下の内容をマスターできます

☞ ベクトル場の可視化技法の種類

☞ ベクトル場の可視化技法の特徴と違い

☞ ベクトル場の可視化における問題点

7.1　2次元ベクトル場

ベクトル場は，各標本点における向きと大きさをもつような数値が与えられている有限の平面あるいは空間であり，代表的な例として，流れの方向を表す物理値をもつ流れ場などが挙げられる。一般的に，ベクトル場は各軸方向の成分の組として表現される。例えば，2次元ベクトル場であれば，x，y 軸方向の成分の組として，(x_a, y_a) というように表現することができる。

2次元ベクトル場の代表的な可視化手法として，**矢印表示**（arrow plots），**流線表示**（streamlines），**LIC 法**（line integral convolution）を取り上げ，それぞれの技法の描画方法や特徴について説明する。

本節では，2次元正方キャビティ流れデータを用いて，各手法について解説する。このデータは，流体が十分に満たされている2次元正方空間の上辺部分に速度を与える，すなわち，蓋となっている上辺部分を水平方向にずらした場合にできる正方領域内部の流れを計算したデータである。本現象は，管内の流れなど身近な現象の一つであり，数値解析におけるベンチマークテストなどで広く用いられている。

7.1.1　矢 印 表 示

2次元ベクトル場の最も典型的な可視化技法は矢印表示である。これは，ある位置におけるベクトルを矢印によって表現する手法であり，矢印の向きでベクトルが指す方向，矢印の大きさでベクトルの大きさを表現する。一般的には，標本点のベクトル値を描画する場合が多いが，標本点が密に存在する場合，すべての標本点において矢印を描画してしまうと，矢印同士が重なり合う**クラッタリング**（cluttering）が生じてしまう。そこで，適宜，描画する標本点の間隔を調整する必要がある。また，可視化対象となるベクトルの大きさの最大値と最小値に大きな差がある場合，そのままベクトルの大きさを矢印に対応させてしまうと，クラッタリングや画素サイズ以下の描かれない矢印が生じてしまい，領域全体を可視化することが困難になってしまう。そこで，ベクトルの大きさをあらかじめ対数変換したり，矢印の長さは一定にして，ベクトルの大きさを色で表現したりするなどの工夫をする必要がある。

図 7.1 に，2 次元正方キャビティ流れデータの可視化結果を示す。図（a）は，矢印の長さでベクトルの大きさを表現した可視化結果である。2 次元正方キャビティ流れ場では，上部の流れが速い領域では，矢印同士が重なり合ってしまっている。一方，下部の右隅，左隅においては，流れが遅いため矢印の長さが短く，ほとんど見えない状態になっている。この問題は，ベクトルの大きさに対する矢印の長さのスケールをどんなに調整しても解決することはできない。そこで，図（b）のように，矢印の長さは一定とし，矢印の色でベクトルの大きさを表現する方法がとられる場合もある。これにより，矢印同士のクラッタリングや，矢印がほぼ表示されない領域をなくすことが可能になる。

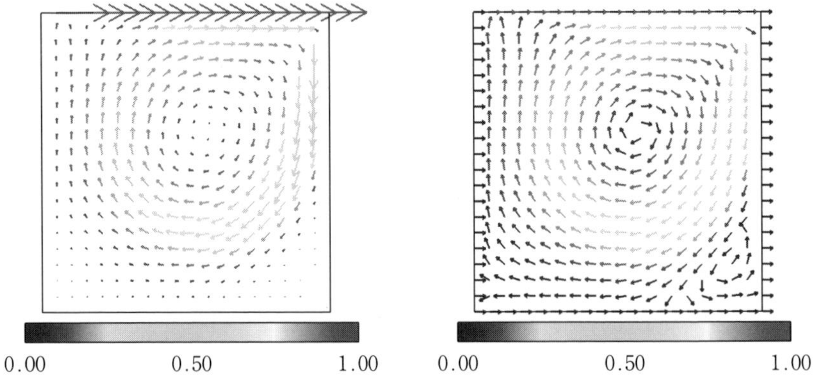

（a）　矢印の長さでベクトルの大きさを表現

（b）　矢印の色でベクトルの大きさを表現

図 7.1　矢印表示による可視化（口絵 10 参照）

矢印表示は，ベクトル場を表す方法としては最も直感的であり，有効な可視化手法の一つである。しかし，矢印を描画する標本点の間隔や，ベクトルの大きさに対する矢印の長さのスケールを適切に調整する必要がある。また，矢印が描画されていない，もしくは，短くて見えない領域の情報についても留意する必要がある。

7.1.2　流　線　表　示

矢印表示では，各標本点におけるベクトルの方向が描画されているにすぎず，矢印が描画されていない部分の流れに関しては，ユーザが頭の中で補間する必要があった。流線表示では，ベクトルを一定の間隔で順に接続していくことによって，連続した曲線の集まりとして流れ場を表現する方法である。流線は，ある特定の時刻のベクトルを結んだ線であり，各点の接線ベクトルがその点における速度ベクトルと一致するという特徴をもつ。

流線は以下の手順で可視化される（**図7.2**）。

1）　シードポイント（開始点）を決定

2）　シードポイントが属するセルのベクトル値をセル内で積分

3）　流線と交差する辺で隣接するセル内でベクトル値を積分

4）　反復回数の上限，もしくは，ベクトル値が0またはデータの境界に達するまで繰り返す

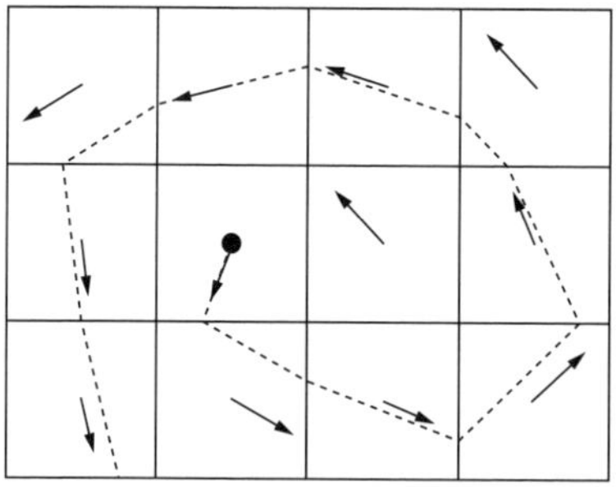

●：シードポイント

図7.2　流線の抽出例

ここで，シードポイントをどこにおくかで得られる可視化結果が大きく異なってくる点に注意しなくてはならない。**図7.3**は異なるシードポイントを用いて，2次元正方キャビティ流れデータのベクトル場を流線表示した結果である。図中の斜線上に，シードポイントを等間隔に20個配置している。図(a)では右下にはなにも描画されていないため，それらの領域がどのような流れ場になっているのかを画像から把握することはできない。一方，図(b)では右下に存在する2次渦が描画されていることから，右下領域に渦が発生している

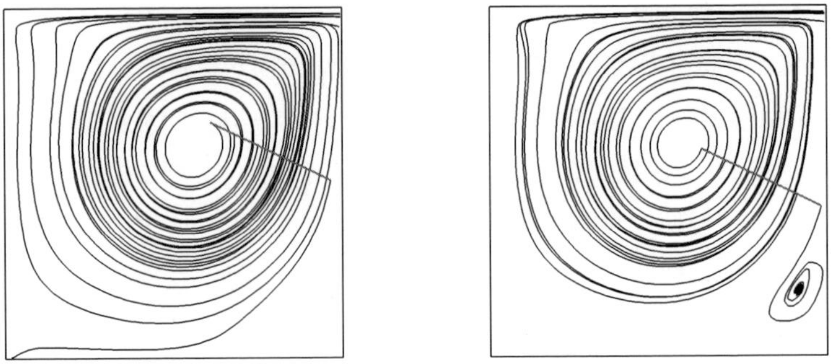

（a）シードポイント変更前　（b）シードポイント変更後

図 7.3　流線による可視化

ことが見てとれる。このことからも，シードポイントを適切に設定することがいかに重要であるかがわかる。また，流線が描画されていない領域においても，重要な情報が隠されている可能性があることに留意する必要がある。

7.1.3 LIC 法

矢印表示や流線表示に比べて，比較的新しい方法として，流れ場全体の様子を表すテクスチャを生成する **LIC**（line integral convolution）**法**[1)]が 1993 年に提案されている。

図 7.4（a）に，LIC 法の流れを示す。まず，可視化対象となるデータと同サイズのホワイトノイズ画像を用意する。出力画像の各画素値に対して，対応する位置から出発する流線を前後方向に一定時間分求める。つぎに，ホワイトノイズ画像の画素値を，求めた流線に沿って重み付けして加算する。すべての画素に対して，上記の流線に沿ったホワイトノイズの畳み込み計算を行うと，最終的に図（b）に示すような画像が生成される。図からわかるように，LIC 法では無数の流線を密に描画したような結果が得られるため，全体の流れを把握することができる。一方，流れの向きがわからない，流れの速さの違いがわからないといった問題点がある。これらの問題を解決するために，さまざまな方法が提案されている[2),3)]。

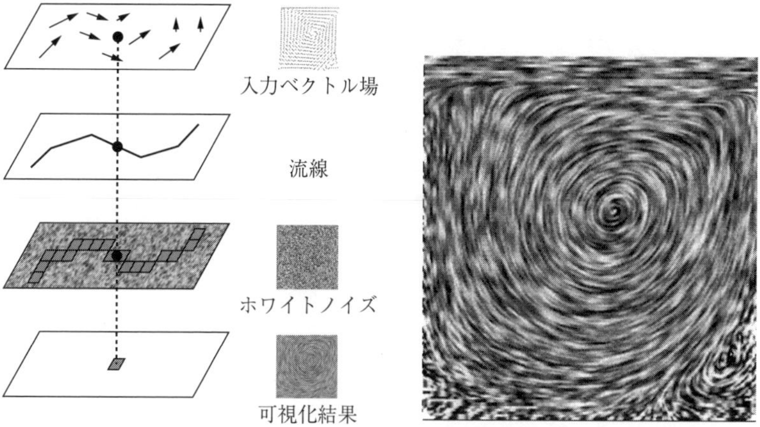

（a） LIC 法の概要　　（b） LIC 法による可視化結果

図 7.4　LIC 法による可視化

7.2　3 次元ベクトル場

3 次元ベクトル場の可視化は，多くの場合，2 次元ベクトル場と同様の可視化技法が利用されることが多い。

7.2.1　ヘッジホッグ法

2 次元空間と同様に，3 次元空間においても標本点上に矢印グリフを表示することが可能である。このような方法を，**ヘッジホッグ法**（hedgehog）と呼ぶ。2 次元空間では，標本点上に矢印グリフを描画していたが，3 次元空間では，奥行方向での重なりも考慮する必要があるため，特定の曲面上の点で矢印グリフを描画する方法が一般的に用いられている。

図 7.5 に，3 次元空間における標本点で矢印グリフを表示した結果と，平面の点で矢印グリフを表示した結果を示す。標本点上に矢印を描画した場合は，奥にある矢印は手前にある矢印と重なってしまい，認識することが困難である。一方，平面上に矢印グリフを描画する場合は，奥行方向の矢印の重なりを削減できるため，比較的認識しやすい。しかし，3 次元の矢印グリフは，奥行

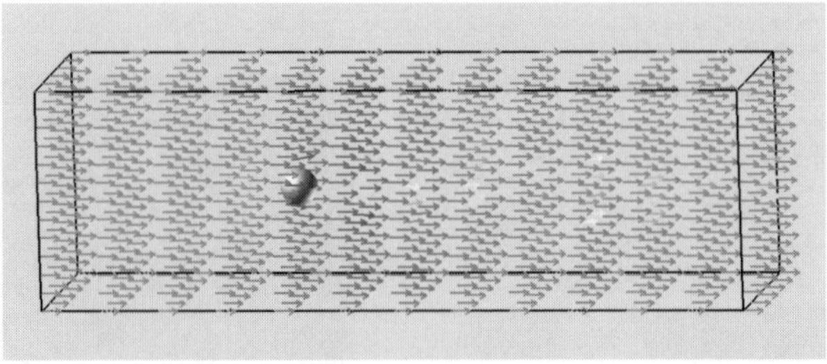

（a） 標本点：3 次元空間

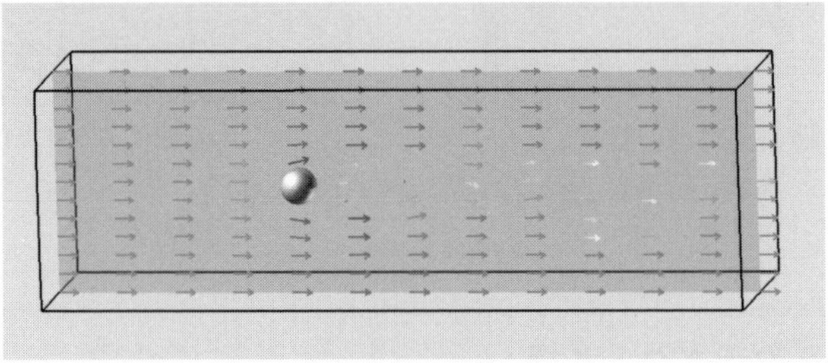

（b） 標本点：平　面

図 7.5　ヘッジホッグ法（口絵 11 参照）

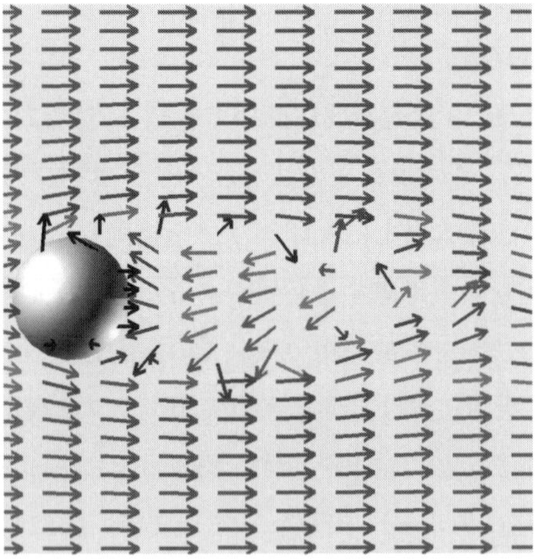

図 7.6　3 次元空間における矢印表示（口絵 12 参照）

きや向きに応じて実際の長さとは異なる大きさでスクリーンに投影されるため，本来の矢印の長さを正確に把握することがきわめて困難である。

図 7.6 に同一の長さで異なる向きの矢印を，3 次元空間で表示した例を示す。いずれも実際は同じ長さであるにも関わらず，その向きによってスクリーンに投影される長さが異なることがわかる。このような例では，一般的には色を用いて矢印の長さを表す。

7.2.2　流　線　表　示

流線を 3 次元空間で表示する場合には，奥行き感が失われるため，各線をチューブ状に拡張して，流線にハイライト効果を付加する照明付き流線[4]や，複数本の流線を帯状に束ねて面として表示するストリームサーフェス[5]なども提案されている。これにより，単なる線を 3 次元空間に描画するよりは，奥行情報を得やすい可視化結果が得られる。

図 7.7 に 3 次元データの流線を表示した例を示す。図（a）は，線として流線を描画しているため，手前にある流線と奥にある流線の区別がつきにくい。一方，図（b）は流線をチューブとして表示しているため，流線が視線方向で交差する箇所では，奥行方向での前後関係が見てとれる。しかし，個々の流線の奥行方向は正確に把握することは困難である。また，奥行方向での重なりを完全に取り除くことはできないため，一般的には対話的な操作を行うなどして，

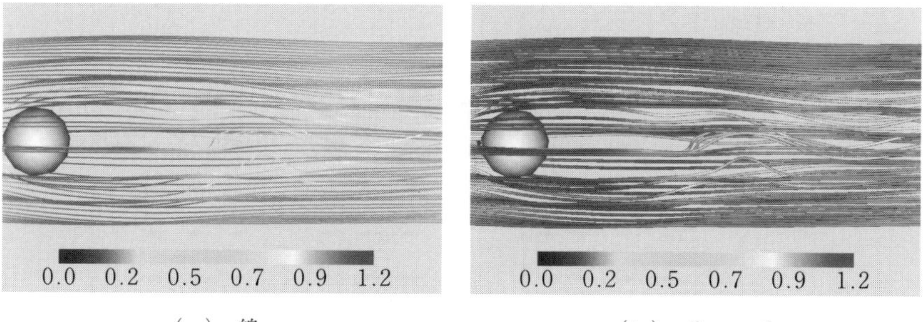

（a）線　　（b）チューブ

図 7.7　3 次元空間における流線表示（口絵 13 参照）

3 次元空間内の全体像を把握する必要がある。

7.3 時系列データ

流れ場は，時刻による変化がない**定常流**（steady flow）と時刻によって流れが変化する**非定常流**（unsteady flow）の二つに大きく分類することができる。7.1.2 項で述べた流線表示は，特定の時刻のベクトルを結んだものであるため，流れ場の時間変化を表現することができない。そこで，流れ場の時間変化を表す線として，**流跡線**（path line）や**流脈線**（streakline）がある。流跡線は，ある粒子がたどる軌跡を表しており，空中に飛ばした風船の軌跡などがそれにあたる。流脈線は，ある 1 点から発生した粒子群を結んでできる線であり，煙突の煙などがそれにあたる。これら三つの線は，定常流では完全に一致するが，非定常流ではすべて異なる線となる。**図 7.8** に，流線，流跡線，流脈線の違いを破線で示す。

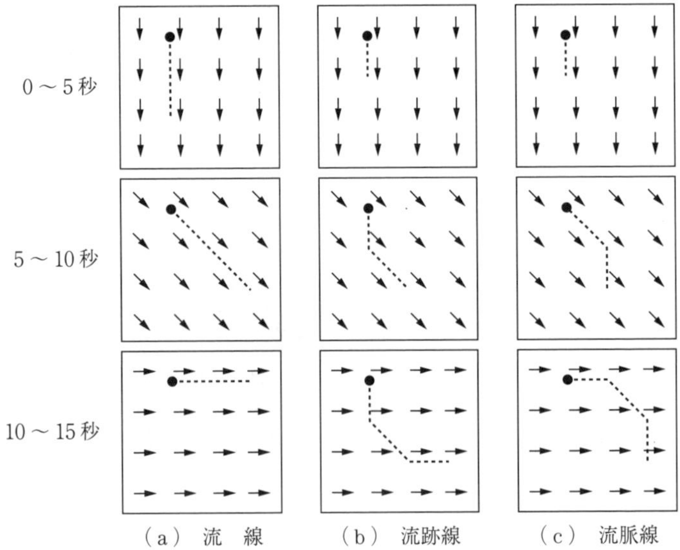

図 7.8　流線，流跡線，流脈線の違い

いずれも最初5秒間下向きの流れがあり（図上段），つぎの5秒間で右斜め下向きの流れに変化し（図中段），最後5秒間は右向きの流れに変化した場合（図下段）を示している。流線（図(a)）は，各時刻における流れの向きを考えるため，それぞれの時刻における流れの方向と流線が一致している。流跡線（図(b)）は，●の粒子がたどる軌跡であるため，最初5秒間下向きに流されていた粒子が，つぎの5秒後に右斜め下に向きを変え，その後5秒間左に流されている動きを表している。流脈線（図(c)）は，最初の5秒間は●の位置から発生した粒子が，下方向に進むため，それらを結んだ下向きの線として現れる。それらの粒子および●から新たに発生する粒子は，つぎの5秒間で，5秒後の位置から右斜め下方向に流される。さらにその後の5秒間でこれまでに移動していた粒子および新たに発生する粒子が右向きに流されていく。それらを結んだものが流脈線となる。

時系列データでは，先に説明した矢印表示や流線表示などのほかに，流れ場にトレーサを置き，その軌跡をアニメーションとして描くことにより流れ場の構造を把握する**粒子追跡法**（particle tracing）も利用される。粒子追跡法の可視化結果は，粒子が流跡線上を移動していくアニメーションとなる。

演習問題

〔7.1〕 **図7.9**は，角柱後方に発生するカルマン渦列を可視化した結果である。(a)～(c)に用いた可視化技法名を答えよ。

〔7.2〕 ある3次元ベクトル場を可視化することを考える。以下の問いに答えよ。

(1) ヘッジホッグ法を用いて可視化したところ，矢印同士が重なり合ってしまった。このような現象をなんと呼ぶか。

(2) 問(1)を解消する方法として，最も適切な方法はつぎのうちどれか。

(a) 矢印の長さを一定にし，値の大きさを色で表現する。

(b) 矢印を表示する標本点の個数を，各軸方向で減らす。

(c) ある断面上のベクトル場だけを表示する。

(d) 値に対する矢印の長さの比を小さくする。

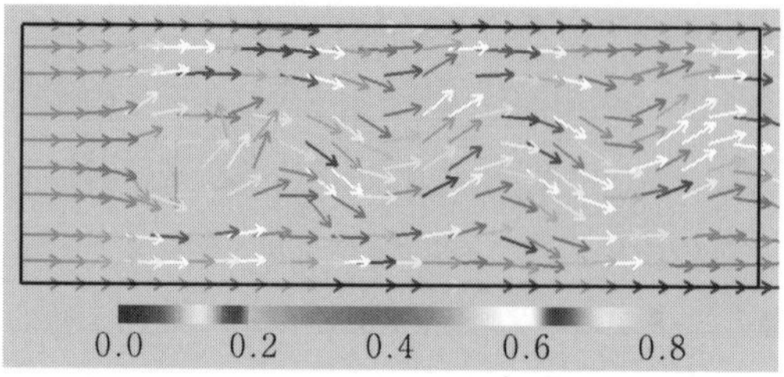

（a）

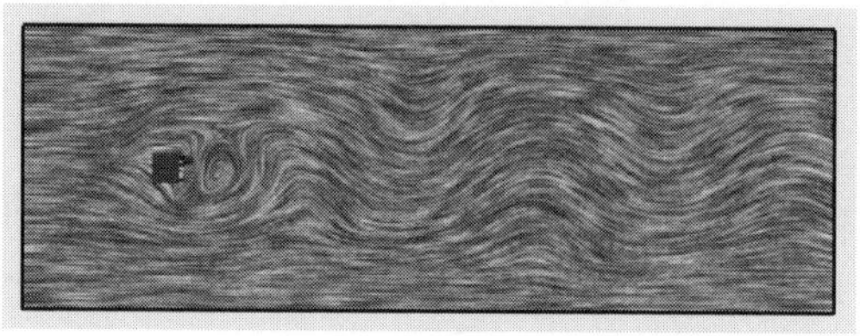

（b）

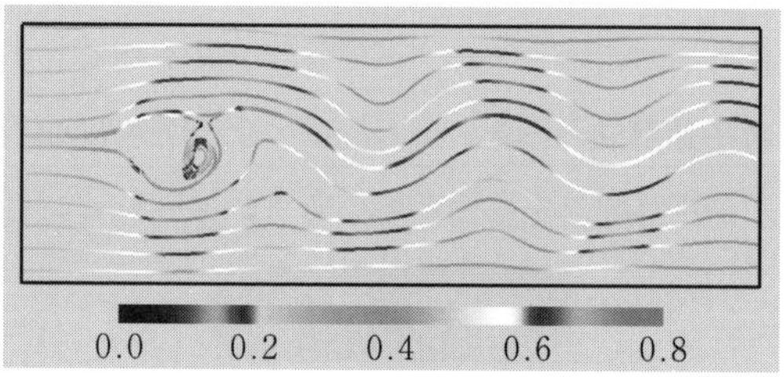

（c）

図 7.9　角柱後方のカルマン渦列の可視化結果（口絵 14 参照）

8章 スカラー場の可視化

◆本章のテーマ

スカラー場は，温度や圧力というような，各格子点にただ一つの数値が与えられている場である。本章では，スカラー場の代表的な可視化技法について解説する。まず，2次元スカラー場の可視化技法である，グリフ表示，疑似カラーコーディング，等値線（等高線）表示について説明し，続いて，3次元スカラー場の可視化技法である等値面，ボリュームレンダリングについて述べる。本章の目的は，それぞれの可視化技法の特徴を理解し，可視化目的に応じてどの可視化技法を利用することが適切かを学ぶことである。

◆本章の構成（キーワード）

8.1　2次元スカラー場
　　グリフ表示，疑似カラーコーディング，等値線（等高線）表示

8.2　3次元スカラー場
　　等値面，ボリュームレンダリング

◆本章を学ぶと以下の内容をマスターできます

☞　スカラー場の可視化技法の種類
☞　スカラー場の可視化技法の特徴と違い
☞　スカラー場の可視化における問題点

8.1　2次元スカラー場

2次元スカラー場は，2次元平面上の標本点において，それぞれただ一つの値をもつ物理値が与えられたデータセットにより表現される。例えば，2次元平面上の温度や密度の分布がこれにあたる。

2次元スカラー場の代表的な可視化技法として，**グリフ表示**（glyph plots），**疑似カラーコーディング**（pseudo-color coding），**等値線表示**（isolines, contour）を取り上げ，それぞれの技法の描画方法や特徴について説明する。

なお，本節では次式で定義されるカッシーニの卵形線（Cassinian oval）

$$f(x, y) = (x^2 + y^2)^2 - 2x^2 + 2y^2 \qquad (-2.0 \leqq x, y \leqq 2.0) \qquad (8.1)$$

で表現されるサンプルデータ（255×255×255）を用いて説明を行う。

8.1.1　グリフ表示

最も簡単にデータを視覚的に表現する方法は，標本点上の物理値をそのまま図形に変換して表現することである。その代表的な方法として，標本点の位置に対応する物理値の色をもつドット（円または球）を描画するドット表示が挙げられる。一般的に，データの標本点上にドットを描画することが多いが，データの標本点数が多い場合には，ダウンサイジングなどのフィルタ処理を行い，描画する標本点数を調整する。このとき，標本点以外の場所の物理値をバイリニア補間などで求め，そこに描画する場合もある。また，ドットの代わりに円や十字などのグリフに置き換えることもできる。

グリフの大きさは，隣接するグリフと重なり合わないように調整を行う必要がある。グリフを用いた場合には，グリフの大きさを変化させることにより数値を表すこともできる。そのため，グリフの大きさと色に別々の数値を割り当てることにより，複数のスカラー値を同時に表現することも可能である。この方法は，利用頻度は高くないが，データ上の標本点の値だけをそのまま表示しているため，データ内の数値を正確に表現することができる。

図 8.1 は，サンプルデータを円グリフを用いて可視化した結果である。いず

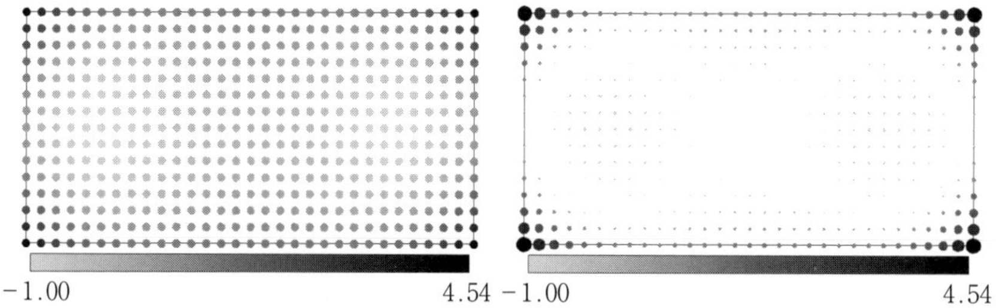

（a）　色で値を表現　　（b）　色と大きさで値を表現

図 8.1　グリフ表示（口絵 15 参照）

れの可視化結果も表示する標本点数は各軸方向に 1/4 に削減している。図(a)は，円グリフの大きさは一定で，色で $f(x, y)$ の値を表現し，図(b)は，円グリフの大きさと色で $f(x, y)$ の値を表現している。

図(b)からもわかるように，グリフの大きさで数値を表す場合は，適切な大きさを見つけることが困難になる。対象とする数値の範囲が広くなればなるほど，数値によるグリフの大きさに差ができてしまうため，小さい数値を表すグリフが見えなくなったり，大きい数値を表すグリフが別のグリフと重なってしまうことがある。そのため，対象とする数値の範囲が広い場合には，色で値を表したほうがわかりやすい可視化結果を得ることができる。

8.1.2　疑似カラーコーディング

疑似カラーコーディングは，2 次元平面における物理値の分布を色によって表現する技法である。この技法では，データの標本点以外の物理値も補間を用いて計算することにより，データ全体を塗りつぶした可視化結果を生成する。この方法は，グリフ表示のような標本点数やグリフの大きさの調整などが必要ないため，可視化に要する処理時間が短くて済むという利点がある。そのため，2 次元のスカラー場だけでなく，3 次元データから抽出された断面を可視化する際にも広く利用されている。

疑似カラーコーディングの特徴は，色の分布から物理値の分布を知ることができることであるため，一般的に，物理値と色は 1 対 1 の関係になるように与えられる。そのため，どのように物理値に色を割り当てるかを決定する伝達関数の決め方が大変重要となる。物理値の出現確率が一様に分布している場合は，色相や輝度値が線形に変化する伝達関数を使用すればよいが，物理値の出現確率に著しく偏りがある場合は，伝達関数を工夫しなければ，データ全体の分布を把握することが困難となる。

また，グリフ表示とは異なり，疑似カラーコーディングそのものだけで，複数の物理値を同時に表現することは困難である。

図 8.2 は，サンプルデータを，疑似カラーコーディングを用いて可視化した結果である。ドット表示では表示されていなかった，標本点の間の領域も色付けられているため，全体的な値の分布は把握しやすい。しかし，標本点以外の物理値は補間によって求められるため，必ずしも実際の現象に従った値が得られているわけではないことを覚えておく必要がある。この問題は，データの標本点数が少ない場合や，拡大表示を行った際に起きうるため，注意しなければならない。

図 8.2　疑似カラーコーディング（口絵 16 参照）

8.1.3　等値線（等高線）表示

等値線（等高線）表示は，同じ物理値をもつ位置を線で結び，その分布を曲線として表現する技法である。この技法は，少ないデータ量でも重要な情報を伝えることができることから，気圧配置や地形図などに利用され，生活に密着した可視化技法となっている。等値線表示では，一般的には，複数本の等値線を同時に描画することにより，等値線が描画されている間隔からデータの分布状況を知ることができる。例えば，等値線が密に描かれている領域は，値が急激に変化している領域，すなわち，山に例えるなら急斜面を表している。逆に，等値面の描かれている間隔が広い領域は，平野のようにあまり値が変化していない領域であることがわかる。

等値線を可視化するための可視化パラメータ値として，どの物理値区間に何本の等値線を描画するかを設定する必要がある。等値線は，特定の物理値区間に等間隔に値を変えて等値面を描画するのが一般的である。

図8.3に，サンプルデータの等値線表示結果を示す。図(a)は最小値から最大値までの物理値区間に4本の等値線を等間隔に描画した結果，図(b)は30本の等値線を等間隔に描画した結果である。図(a)では，中心付近の等値線が描かれていないため，どのように値が分布しているのかを明確に知ることはできない。そのため，等値線が描かれていない領域がある場合には，描画する本数を増やすなどの工夫が必要である。

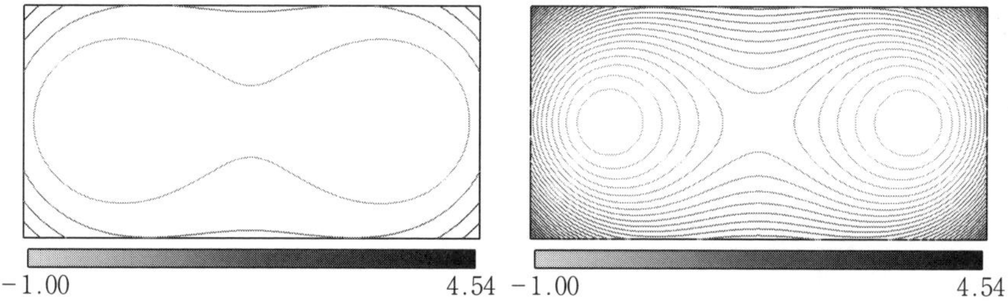

(a)　本数：4本　　(b)　本数：30本

図8.3　等値線表示（口絵17参照）

データ内で物理値の分布に大きな偏りがある場合は，等値線が密に描かれる領域と疎に描かれる領域が表れてしまう。そのため，等値線を描画する物理値区間や等値線の本数，等値線の描画間隔などを適宜調節しなければならない。

疑似カラーコーディングがデータ領域全体の分布を描画しているのに対し，等値線表示では線が描画されていない部分の値の分布は視覚的に読み取ることができない。すなわち，等値線が表示されている部分はデータの一部にすぎないことから，等値線の形状が大きく変化するなどの特徴ある等値線が必ずしも描画されているとは限らないことに注意しなければならない。

等値線は，各セルを順に走査し，つぎのステップ1～3を実行することで抽出することができる。

1） セルを構成する標本点を，その物理値と求める等値線の値との大小関係で分類

2） 標本点の分類から，等値線が生成されるパターンをパターンテーブルを参照

3） セルの辺と等値線が交差する交点の座標をバイリニア補間により算出

標本点の物理値を等値線の値との大小関係で分類した結果は，四つの標本点それぞれが，等値線の値よりも大きいか小さいかの二つの値をもつため，$2^4=16$ 通りとなる。また，セル内の値は，一般的にバイリニア補間を用いて求める前提のため，セルの辺の標本点の物理値の符号が異なる場合に，中間値の定理からただ1点でセルの辺と等値線が交差する。このことから，それぞれの分類に対する等値線の位置の概形は**図 8.4** のようになる。ここで，これらは大きいまたは小さいという状態を逆に考えたり，回転させて考えると，図 8.4 の左側に示す，4通りにまとめることができる。ただし，図(d)のパターンでは，

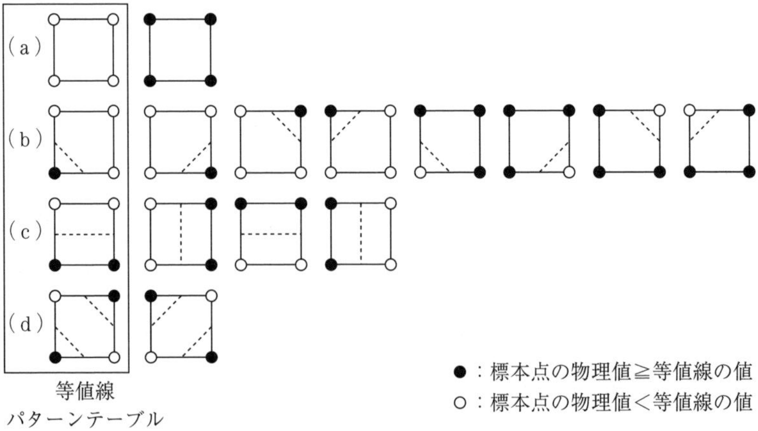

図 8.4　等値線パターンテーブル

複数通りの等値線の概形が考えられる。

図8.5(a)のサンプルデータからしきい値が10の等値を抽出することを考える。標本点横の数値は，標本点の物理値を表すものとする。図(a)の標本点を求める等値線のしきい値との大小関係で分類すると，図(b)になる。各セルのパターンを図8.4を参照して求め，等高線のパターンを描画すると図(c)となる。ここで，セルの境界線と等値線が交差する位置を線形補間により算出すると，正しい位置の等値線（図(d)）が描画できる。

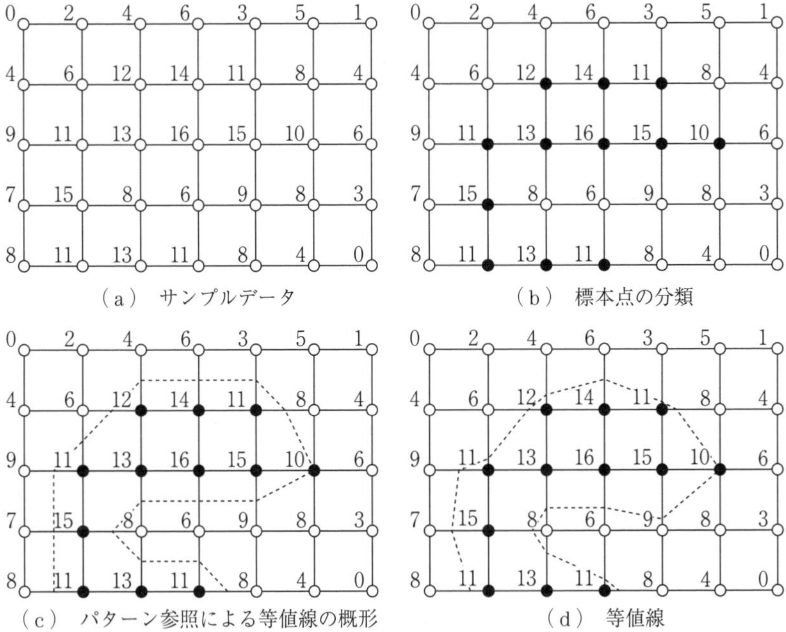

図8.5　等値線の抽出手順（等値線の値：10）

8.2　3次元スカラー場

3次元スカラー場は，3次元空間上に配置された標本点がスカラー値をもつデータである。3次元データの可視化では，3次元空間から断面（2次元平面）

を切り出して可視化する場合と，3次元空間そのものを可視化する場合に大きく分類することができる。断面を表示する場合は，8.1節で述べた2次元の可視化手法が利用できる。本節では，3次元空間における断面表示に加えて，3次元空間そのものを可視化する代表的な可視化技法である，**ボリュームレンダリング**（volume rendering）と**等値面表示**（isosurfacing）を取り上げる。

8.2.1　断　面　表　示

3次元スカラー場では，3次元データから平面や曲面を抽出することにより，前節で紹介した2次元スカラー場の可視化技法を利用して，抽出した面上のスカラー値を可視化することも多い。特に，等値面抽出やボリュームレンダリング処理に時間を要する大規模なデータでは，断面表示を用いてデータ全体の概要を把握しておくことで，可視化パラメータ値設定などに要する時間を節約することが可能である。断面表示では，抽出された面上の情報を詳しく可視化することが可能だが，複数枚の断面を同時に表示（**図8.6**(a)）したとしても，表示されていない領域についてはユーザが脳内で補う必要がある。

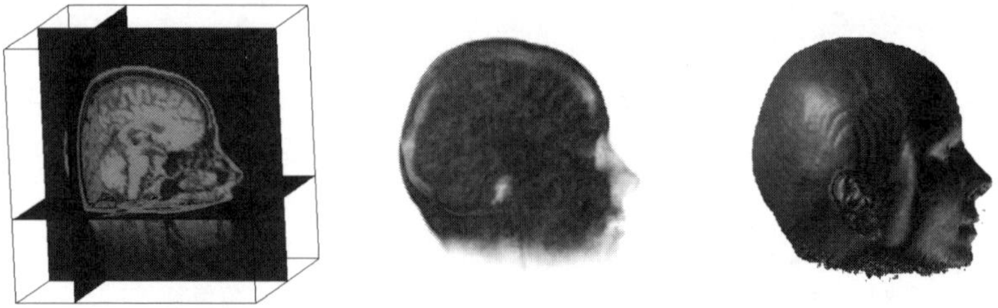

（a）断面表示　　（b）ボリュームレンダリング　　（c）等値面表示

図8.6　3次元スカラー場の可視化例（口絵18参照）

8.2.2　ボリュームレンダリング

ボリュームレンダリング（図8.6(b)）は，与えられたボリュームデータ全体を半透明な画像として可視化する技法で，2次元スカラー場の可視化技法である疑似カラーコーディングを3次元に拡張したものと考えることができる。

その代表的なアルゴリズムの一つとして，**レイキャスティング**（ray casting）**法**[1)]（**図 8.7**）が挙げられる。レイキャスティング法の手順は以下のとおりである。

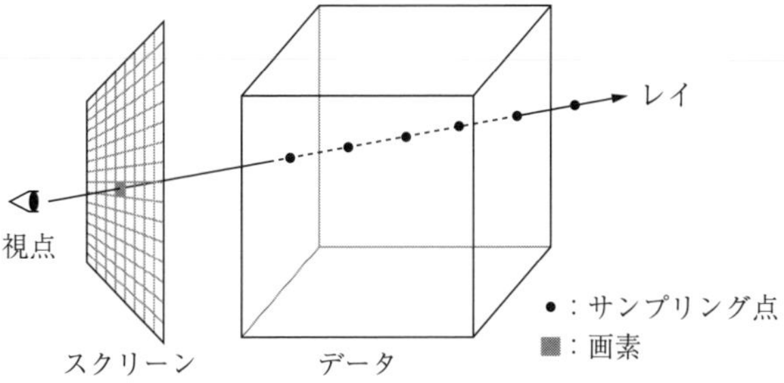

図 8.7　レイキャスティング

1）　視線からスクリーンの各画素に向かって飛ばしたレイに沿って 3 次元データを一定間隔でサンプリング

2）　サンプリング点における物理値を，色と不透明度に変換したのち，それらの色を積算

3）　サンプリングは，レイが可視化対象領域を通過するか，不透明度の積算が 1，すなわち，完全に不透明になった時点で終了

4）　すべての画素で同様の走査を実行することにより，データ全体を反映した半透明な画像を生成

ここで，レイ上のサンプリング点が必ずしも標本点と一致するとは限らないため，標本点以外の物理値は，トリリニア補間を用いて計算される。また，あるサンプリング点（x, y, z）における色の積算は，次式で求められる。

$$\begin{cases} \alpha r + (1-\alpha) r_s \\ \alpha g + (1-\alpha) g_s \\ \alpha b + (1-\alpha) b_s \end{cases} \tag{8.2}$$

ここで，α は不透明度，r，g，b はサンプリング点における RGB 値，r_s，g_s，b_s は着目するサンプル点までに通過した点の色を積算した RGB 値である。

レイキャスティング法では，視点とスクリーン上の画素を結ぶレイを考えていることから，視点を変更するごとに再計算が必要となる。また，投影するスクリーンサイズが大きくなるにつれ，レイの本数も増加するため，計算時間も増加する。そのため，適切な視点位置や伝達関数を模索している状態ではサンプリング間隔を粗くしたり，レイの本数を減らすなどして高速に描画し，最終的な画像だけサンプリング間隔を細かくしたり，レイの本数を増やすなどの工夫をするとよい。

ボリュームレンダリングを実現するその他のアルゴリズムとして，**スプラッティング**（splatting）**法**[2)]が挙げられる。スプラッティング法では，レイキャスティング法とは逆に，データがもつ物理値に基づいたカーネルをスクリーン状に投影することによって，ボリュームレンダリング結果画像を取得する。また，近年ではGPUのシェーダ機能を利用することにより，リアルタイムでの処理も可能になっている。

ボリュームレンダリングにおけるスクリーン上の各画素は，複数のサンプリング点の色を積算したものであるため，可視化結果から，特定の点における物理値を正確に把握するのは困難である。また，不透明度の与え方によっては，3次元データの外側の領域しか可視化されなかったり，重要な領域が外側の領域によって覆われ，可視化されなかったりしてしまう。そこで，対象データの特徴を考慮して，不透明度を設定する方法などが提案されている。

8.2.3　等　　値　　面

等値面（図8.6(c)）は，3次元データにおいてスカラー値が等しい領域を面として抽出する技法で，3次元スカラー場の可視化で最も広く使用されているものである。これは，等値線を3次元に拡張したものとして考えることができる。

等値面抽出の最も代表的な手法として，**マーチングキューブ**（marching cubes）**法**[3)]が知られている。この方法では，直方体内の三角形パッチの現れ方をテーブル化しておき，それを参照することによって等値面を抽出する。**図8.8**に等値面のパッチパターンテーブルを示す。標本点の物理値と求める等値面のしきい値の大小関係によって，各標本点を分類すると，その組合せは全部

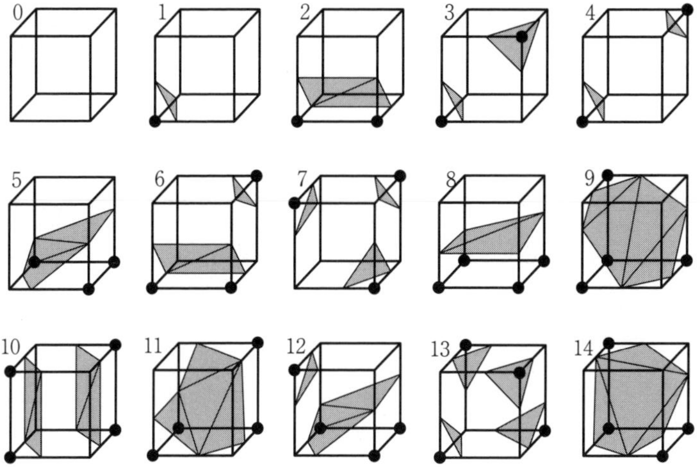

図 8.8　マーチングキューブ法におけるパッチパターン

で $2^8=256$ 通り考えられる。しかし，大小関係の反転や，セルの回転などを考慮すると，図 8.8 に示す 15 通りに帰着することができる。

マーチングキューブ法では，各セルを順に走査し，標本点の物理値から対応するパッチパターンを選択し，三角形パッチを生成する。このとき，三角形パッチの頂点位置は，トリリニア補間を用いて計算するため，セルの各辺の物理値の分布は線形であると仮定されている。そのため，等値面とセルの各辺の交点は一意に決定できる。しかし，等値面のしきい値よりも大きい物理値をもつ標本点と小さい物理値をもつ標本点が，たがいに対角線上に分布するような面では，**図 8.9**(a)から(c)の3通りの等値面パターンが考えられ，等値面が存在する向きを一意に決定することができない。

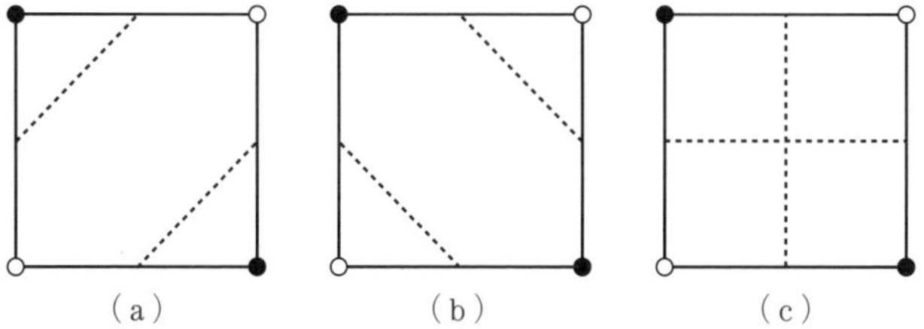

図 8.9　等値面の向きが一意に決定できないパターン

そこで，この問題を解決する補助アルゴリズムとして，**漸近線判定法**(asymptotic decider)[4]が提案されている。トリリニア補間を用いた場合のセルの各面の物理値の分布が双曲線状となることから（**図 8.10**），この方法では双曲線の漸近線の交点における物理値が等値面のしきい値よりも大きいかどうかによって，等値面の向きを決定する。具体的には図 8.10 に示すように，各標本点の物理値 $g_{00}, g_{01}, g_{10}, g_{11}$ が定義されているとき，漸近線の交点における物理値 D は

$$D=\frac{g_{00}g_{11}-g_{10}g_{01}}{g_{00}+g_{11}-g_{10}-g_{01}} \tag{8.3}$$

で求めることができる。D の値が等値線の値よりも小さい場合は図 8.9(a)，大きい場合は図 8.9(b)のパターンを用いて，等値線の向きを決定する。

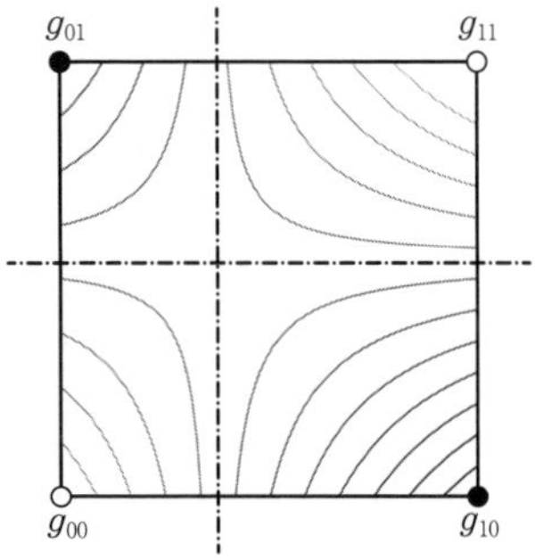

図 8.10　トリリニア補間における側面の物理値分布の例

等値面表示では，等値線表示と同様，描画されてない領域の分布を視覚的に捉えることができないため，解析者は注意する必要がある。また一般的に，等値面はしきい値の値に基づいて色付けされる場合が多いが，別の物理値で色付けすることで，2 変数間の相関を同時に可視化することも可能である。例えば，圧力場から抽出した等値面上に，温度場の値を色付けすることで，等値面の形状から圧力分布を，色から温度分布を知ることができる。

ボリュームレンダリングが各画素の色を直接計算していたのに対し，等値面は三角形パッチを用いて表現されるため，視点変更による再計算は不要である。しかし，ノイズを多く含む計測データでは，多数の三角形パッチが抽出されてしまうことがあるため，あらかじめノイズ除去を行う前処理が必要となる。

演習問題

〔8.1〕 **図8.11** は，$y=\sin x \cos y \,(0 \leqq x, y \leqq 1)$ を2次元スカラー場の可視化技法を用いて，可視化した結果である。(a)〜(c)それぞれに用いた可視化技法名を答えよ。

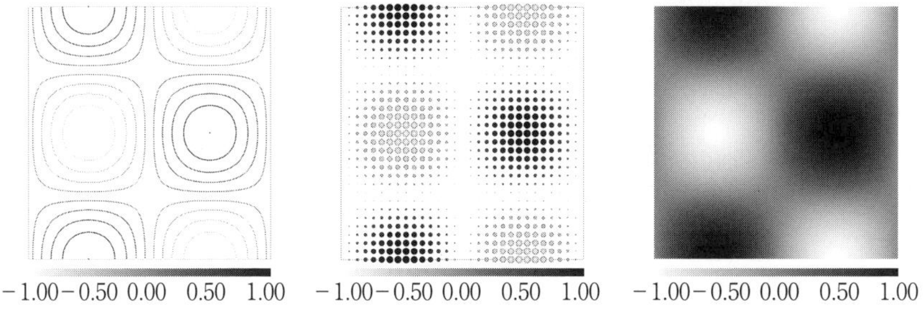

(a)　(b)　(c)

図8.11 $f(x, y)=\sin x \cos y \,(0 \leqq x, y \leqq 1)$ の可視化結果（口絵19参照）

〔8.2〕 **図8.12** に示す2次元サンプルデータから，等値線を抽出することを考える。以下の問いに答えよ。なお，図中の黒丸は標本点，黒丸の横の数値はその標本点における物理値，座標軸の値は座標軸を示すものとする。

(1) 標本点以外の物理値をバイリニア補間によって求めるとき，座標値 (2.6, 0.6) の物理値を求めよ。

(2) しきい値10の等値線を求めよ。ただし，等値線の位置が一意に決定できないセルは，漸近線判定法を用いよ。

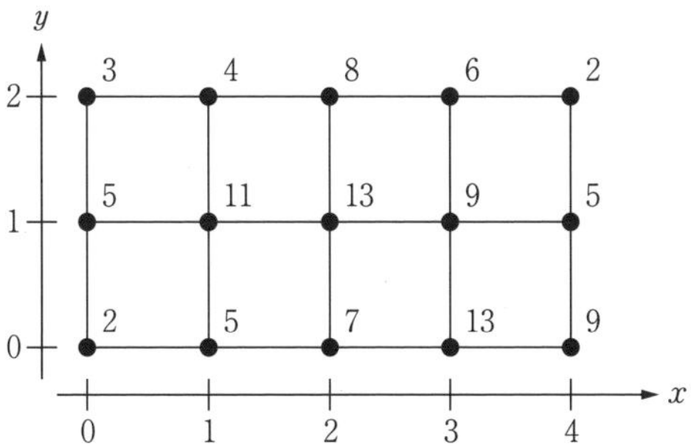

図8.12　2次元サンプルデータ

引用・参考文献

1 章

1） 公益財団法人画像情報教育振興協会（CG-ARTS）編：コンピュータグラフィックス［改訂新版］（2016）

2） 廣瀬通孝，小木哲朗，田村善昭：シミュレーションの思想，東京大学出版会（2002）

2 章

1） 藤澤誠：CG のための物理シミュレーションの基礎，マイナビ（2013）

3 章

1） 堀川淳一郎：Algorithmic Design with Houdini Houdini ではじめる自然現象のデザイン，ビー・エヌ・エヌ新社（2019）

2） M.Eriwig：The graph Voronoi diagram with applications, Networks, **36**（3）, pp. 156–163（2000）

3） S. Worley：A cellular texture basis function, Proc. SIGGRAPH '96, pp. 291–294（1996）

4 章

1） J. Stam：Stable Fluid, Proc. SIGGRAPH '99, pp. 121–128（1999）

2） J. Sethian：Level Set Methods and Fast Marching Methods, Cambridge University Press（1999）

3） W. E. Lorensen, and H. E. Cline：Marching cubes : a high resolution 3d surface construction algorithm, Proc. SIGGRAPH '87, pp. 163–169（1987）

4） T. Brochu, and R. Bridson：Robust topological operations for dynamic explicit surfaces, SIAM Journal on Scientific Computing, **31**（4）, pp. 2472–2493（2009）

5） C. Wojtan, N. Thurey, M. Gross, and G. Turk：Deforming meshes that split and merge, Proc. SIGGRAPH 2009, pp. 1–10（2009）

6） M. Muller：Fast and robust tracking of fluid surfaces, Proc. SCA'09, pp. 237–245（2009）

7） M. Muller, D. Charypar, and M. Gross：Particle based fluid simulation for interactive applications, Proc. SCA'03, pp. 154–159（2003）

8） S. Koshizuka, A. Nobe, and Y. Oka：Numerical analysis of breaking wave using the moving particle semi-implicit method, International Journal of Numerical Method in Fluids, **26**, pp. 751–769 (1998)

9) J. F. Blinn：A generalization of algebraic surface drawing, ACM Transactions on Graphics (TOG), **1** (3), pp. 235–256 (1982)

10) Y. Zhu, and R. Bridson：Animating sand as a fluid, ACM Transactions on Graphics (TOG), **24** (3), pp. 965–972 (2005)

11) F. H. Harlow：The particle-in-cell method for numerical solution of problems in fluid dynamics, In Experimental arith-metic, high-speed computations and mathematics (1963)

12) J. U. Brackbill, and H. M. Ruppel：FLIP : A method for adaprively zoned, particle-in-cell calculations of fluid flows in two dimensions, Journal of Computational Physics, **65** (2), pp. 314–343 (1986)

13) 菅野将太，菊池司：雪崩による雪煙のビジュアルシミュレーション，芸術科学会論文誌，**14** (3)，pp. 83–90 (2015)

5章

1) M. Montanari, N. Petrinic, and E. Barbieri：Improving the GJK Algorithm for Faster and More Reliable Distance Queries Between Convex Objects, ACM Transactions on Graphics (TOG), **36** (3), Article No. 30, pp. 1–17 (2017)

2) M. Muller, B. Heidelberger, M. Hennix, and J. Ratcliff：Position based dynamics, The Journal of Visual Communication and Image Representation, **18** (2), pp. 109–118 (2007)

3) M. Macklin, M. Müller, and N. Chentanez：XPBD: position based simulation of compliant constrained dynamics, Proc. MIG '16, pp. 49–54 (2016)

4) M. Servin, C. Lacoursiere, and N. Melin：Interactive simulation of elastic deformable materials, Proc. SIGRAD Conference, pp. 22–32 (2006)

5) R. Goldenthal, D. Harmon, R. Fattal, M. Bercovier, and E. Grinspun：Efficient simulation of inextensible cloth, ACM Transactions on Graphics (TOG), **26**, (3) pp. 49–55 (2007)

6) X. Gan, K. Lenz, T. Ito, Y. Takeshima, and T. Kikuchi：Procedural Modeling of Elastic Aggregates based on Aperiodic Space-Filling and XPBD Simulation, International Journal of Asia Digital Art and Design Association, **26** (4), pp. 65–74 (2022)

7) K. Sakurai, and K. Miyata：Modelling of Non-Periodic Aggregates Having a Pile Structure, Computer Graphics Forum, **33** (1), pp. 190–198 (2014)

6章

1) C. Johnson, R. Moorhead, T. Munzner, H. Pfister, P. Rheingans, and T. Yoo : NIH-NSF Visualization Research Challenges Report, IEEE Computer Society Press, (2006)

7章

1) B. Cabral, and L. C. Leedom : Imaging vector fields using line integral convolution, Proc. ACM SIGGRAPH '93, pp. 263–270 (1993)
2) A. Okada, and D. L. Kao : Enhanced line integral convolution with flow feature detection, Proc. IS & T / SPIE Electronics Imaging '97, **3017**, pp. 206–217 (1997)
3) R. Wegenkittl, E. Gröller, and W. Purgathofer : Animating flow fields: Rendering of oriented line integral convolution, Proc. Computer Animation 97, pp. 15–21 (1997)
4) M. Zöckler, D. Stalling, and H.-C. Hege : Interactive visualization of 3D-vector fields using illuminated streamlines, Proc. IEEE Visualization '96, pp. 107–113 (1996)
5) J. P. M. Hultquist : Constructing stream surfaces in steady 3D vector fields. Proc. IEEE Visualization '92, pp. 171–178 (1992)

8章

1) M. Levoy : Display of surfaces from volume data, IEEE Computer Graphics and Application, **8** (3), pp. 29–37 (1988)
2) L. Westover : Interactive volume rendering, Proc. Chapel Hill workshop on volume visualization '89, pp. 9–16 (1989)
3) W. E. Lorensen, and H. E. Cline : Marching cubes : A high resolution 3D surface construction algorithm, Proc. ACM SIGGRAPH '87, pp. 163–169 (1987)
4) G. M. Nielson, and B. Hamann : The asymptotic decider : Resolving the ambiguity in marching cubes, Proc. Visualization '91, pp. 83–91 (1991)

演習問題解答

1章

〔1.1〕 中割

〔1.2〕 アニメーションカーブ

〔1.3〕 モデル化

〔1.4〕 支配方程式

2章

〔2.1〕 力の方向による成分分解が可能となる

〔2.2〕 三角形ポリゴンの法線ベクトル

〔2.3〕 引張応力，圧縮応力，せん断応力

3章

〔3.1〕 自己相似性

〔3.2〕 「0304_Enshu_HilbertCurve3D.hip」ファイル参照†

4章

〔4.1〕 ナビエ・ストークス方程式

〔4.2〕 単位距離あたりの距離の変化は，あらゆる場所と方向で大きさ1となるから。

〔4.3〕 「0401_Enshu_FLIP.hip」ファイル参照

5章

〔5.1〕 境界球（bounding sphere），AABB（軸平行境界ボックス：axis-aligned bounding box），OOBB（object-oriented bounding box），凸包（convex hull）

〔5.2〕 「0502_EnshuA_RBD.hip」ファイル参照

6章

〔6.1〕 （解答例）現象がもつ時間的，空間的スケールに依存せずに可視化が行える時空間独立性，ユーザが興味ある領域を好きなように観察することができる第一人称性，対象データの観察領域に対して影響を与えない非侵襲性，何度で

† プログラムファイルは本書の書籍詳細ホームページ（https://www.coronasha.co.jp/np/isbn/9784339027976/）からダウンロードすることができます。

もまったく同じ結果を生成できる再現性の四つの特徴をもつ。

〔**6.2**〕 （解答例）データフローパラダイム：実験や数値計算で生成された数値データを読み込み（データ入力），ダウンサイジングや新たな物理値を算出するような数値上での演算処理を行い（フィルタリング），それらの数値データを利用する可視化技法に合わせた描画プリミティブに変換し（マッピング），ディスプレイ上に表示する（レンダリング）。

〔**6.3**〕 9.8となる。

点(2.5, 1.4)の物理値を計算するので，**解図 6.1** 中の斜線のセルに注目する。

点(2.5, 1.4)が含まれるセルの4標本点の物理値は，$g_{00}=10$, g_{10}10$=8$, $g_{01}=12$, $g_{11}=10$ である。また，格子間隔は x, y のいずれも1であるので，各セル内の座標値を[0, 1]に正規化すると，点(2.5, 1.4)の正規化後の座標は点(0.5, 0.4)となる。

これらを式(6.1)に代入すると

$$c_0=g_{00}=10$$
$$c_1=g_{10}-g_{00}=8-10=-2$$
$$c_2=g_{01}-g_{00}=12-10=2$$
$$c_3=g_{11}-g_{10}-g_{01}+g_{00}=10-8-12+10=0$$

となるので，求めるセル内の値は次式で求められる。

$$g(x, y)=10-2x+2y$$

これに，点(0.5, 0.4)を代入すると

$$g(0.5, 0.4)=10-2\times 0.5+2\times 0.4=9.8$$

となり，求める点の物理値は9.8である。

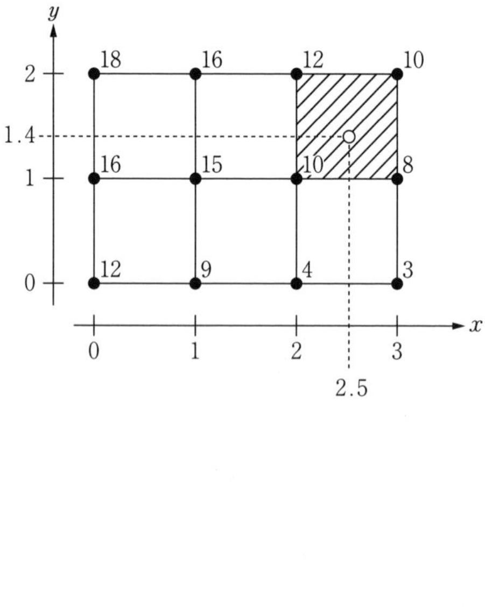

解図 6.1

7章

〔7.1〕（a） 矢印表示　（b） LIC（line integral convolution）　（c） 流線表示

〔7.2〕（1） クラッタリング　（2）（c）となる。3次元データをヘッジホッグ法で表示する場合，3次元方向での矢印の重なりに注意する必要がある。（a），（b），（d）は矢印同士の重なりを減らすことは可能だが，奥行き方向での重なりを完全になくすことはできない。

8章

〔8.1〕（a） 等値線（等高線）表示　（b） ドット表示　（c） 疑似カラーコーディング

〔8.2〕（1） 10.6となる。

点(2.6, 0.6)の物理値を計算するので，**解図8.1**中の斜線のセルに注目する。

点(2.6, 0.6)が含まれるセルの4標本点の物理値は，$g_{00}=7$, $g_{10}=13$, $g_{01}=13$, $g_{11}=9$である。また，格子間隔はx, yのいずれも1であるので，各セル内の座標値[0, 1]に正規化すると，点(2.6, 0.6)の正規化後の座標は点(0.6, 0.6)となる。

これらを式(6.1)に代入すると

$$c_0=g_{00}=7$$

$$c_1=g_{10}-g_{00}=13-7=6$$

$$c_2=g_{01}-g_{00}=13-7=6$$

$$c_3=g_{11}-g_{10}-g_{01}+g_{00}=9-13-13+7=-10$$

となるので，求めるセル内の値は次式で求められる。

$$g(x,y)=7+6x+6y-10xy$$

これに，点(0.6, 0.6)を代入すると

$$g(0.6,0.6)=7+6\times0.6+6\times0.6-10\times0.6\times0.6=10.6$$

となり，求める点の物理値は10.6である。

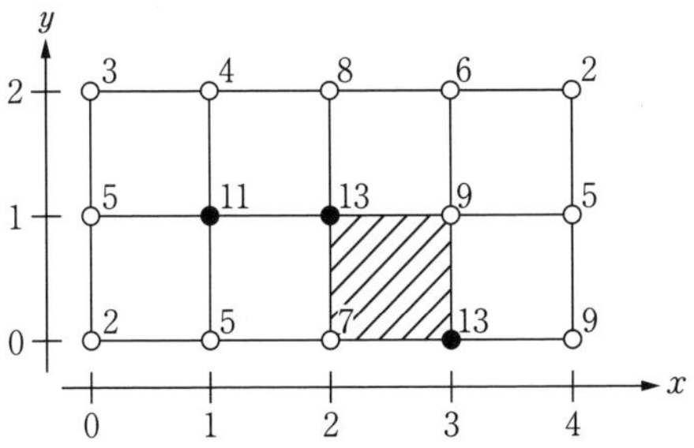

解図8.1

（2）　**解図 8.2** 参照。

まず，図 8.12 の各標本点を，標本点の物理値が等値線の値以上であるもの（黒丸）と，それ以外（白丸）に分類する。

つぎに，図 8.4 のパッチパターンを用いて，等値線の向きを決定する。ここで，解図 8.1 の斜線のセルではしきい値よりも大きい標本点と小さい標本点が対角線上に存在する。すなわち，等値面の向きが一意に決定できないパターン（図 8.9 参照）となっている。

そのため，斜線のセルに対して漸近線判定法の式(8.3)を計算すると

$$D=\frac{g_{00}g_{11}-g_{10}g_{01}}{g_{00}+g_{11}-g_{10}-g_{01}}=\frac{7\times9-13\times13}{7+9-13-13}=10.6$$

となり，等値線のしきい値 10 よりも大きいため，求める等値面の向きは，しきい値よりも大きい物理値をもつ標本点を分断しない方向である，図 8.9（b）となる。よって，解図 8.2 に示す等値線が得られる。

じつは，（1）で物理値を求めた点(2.6, 0.6)は，斜線のセルにおける漸近線の交点である。

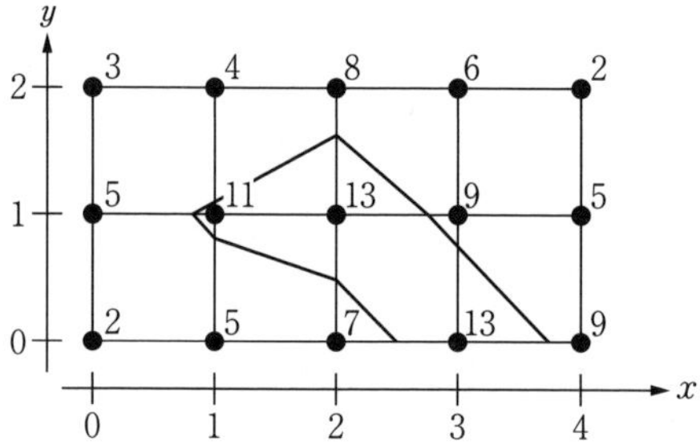

解図 8.2

索　　引

【ら】

【り】

【れ】

【アルファベット】

―― 著者略歴 ――

菊池　司（きくち　つかさ）

1994 年　岩手大学工学部情報工学科卒業
1999 年　岩手大学大学院電子情報工学研究科博士課程修了（情報工学専攻）
　　　　博士（工学）
1999 年　株式会社 JFP 勤務
2000 年　拓殖大学助手
2004 年　拓殖大学専任講師
2007 年～08 年　高麗大学（韓国）客員教授
2009 年　拓殖大学准教授
2014 年　東京工科大学准教授
2018 年　東京工科大学教授
　　　　現在に至る

竹島　由里子（たけしま　ゆりこ）

1994 年　お茶の水女子大学理学部情報科学科卒業
1996 年　お茶の水女子大学大学院理学研究科修士課程修了（情報科学専攻）
1999 年　お茶の水女子大学大学院人間文化研究科博士課程修了（人間環境学専攻）
　　　　博士（理学）
1999 年　お茶の水女子大学大学院助手
2001 年　東北大学流体科学研究所助手
2004 年　日本原子力研究所博士研究員
2005 年　東北大学流体科学研究所助手
2007 年　東北大学流体科学研究所助教
2010 年　東北大学流体科学研究所講師
2015 年　東京工科大学准教授
2018 年　東京工科大学教授
　　　　現在に至る

CG によるシミュレーションと可視化

Simulation and Visualization with Computer Graphics

2023 年 4 月 28 日　初版第 1 刷発行　★

検印省略

著　者　菊　池　　司
　　　　竹　島　由里子
発行者　株式会社　コロナ社
　　　　代表者　牛来真也
印刷所　萩原印刷株式会社
製本所　有限会社　愛千製本所

112-0011　東京都文京区千石 4-46-10
発行所　株式会社　**コロナ社**
CORONA PUBLISHING CO., LTD.
Tokyo Japan
振替 00140-8-14844・電話(03)3941-3131(代)
ホームページ https://www.coronasha.co.jp

ISBN 978-4-339-02797-6　C3355　Printed in Japan　（松岡）